Smart Start

共通テスト

スマート対策［3訂版］

生物

教学社

はじめに

Smart Startシリーズ
「共通テスト　スマート対策」刊行に寄せて

2021年1月から，「大学入学共通テスト」（以下，共通テスト）が始まりました。どんな問題が出題されるのだろう，どういった勉強をすればよいのだろう…と，不安に思っている人も少なくないかもしれません。まずは，共通テストのことを知りましょう。どんなテストなのかがわかれば，対策もグンとしやすくなるはずです。

共通テストでは，今まで以上に「思考力」が問われると言われています。しかしながら，実はこれまでも大学入試センター試験（以下，センター試験）や各大学の個別試験において，思考力を問う問題は出題されてきました。センター試験から共通テストに変わったとはいえ，各科目で習得すべき内容や大学入学までにつけておくべき学力が，大きく変わったわけではありません。本シリーズは，テストの変化にたじろぐことなく共通テストに対応できる力を養います。

このシリーズでは，2021年1月に実施された，2回の共通テスト本試験（第1・2日程）の出題を徹底的に分析すると同時に，共通テストに即した演習をするための良問を集めました。丁寧な分析によって共通テストのことがわかるだけでなく，科目ごとの特性を活かしつつ，本書オリジナル問題や，2017年・2018年に実施された試行調査（プレテスト），センター試験や各大学の過去問にアレンジを加えた問題，思考力の問われた過去問などから，共通テスト対策として最適な問題を精選し，効率的かつ無駄なく演習ができるような問題集となっています。

受験生の皆さんにとって，このシリーズが，共通テストへ向けたスマートな対策の第一歩となることを願っています。本書とともに，賢くスタートを切りましょう。

教学社 編集部

問題選定・執筆協力　鈴川 茂（代々木ゼミナール）
中井 照美（駿台予備学校）
森田 保久（埼玉県立所沢高等学校教諭）

CONTENTS

※ 2021 年度の共通テストは，新型コロナウイルス感染症の影響に伴う学業の遅れに対応する選択肢を確保するため，本試験が以下の 2 日程で実施されました。

第 1 日程：2021 年 1 月 16 日(土)および 17 日(日)

第 2 日程：2021 年 1 月 30 日(土)および 31 日(日)

※第 2 回プレテストは 2018 年度に，第 1 回プレテストは 2017 年度に実施されたものです。

※本書に収載している，共通テストのプレテストに関する〔正解・配点・正答率〕は，大学入試センターから公表されたものです。

※本書に収載している，各大学の入試問題については，センター試験および共通テストの形式に近づけるため，一部に必要最小限の改変を加えています。

本書の特長と活用法

本書は，大学入学共通テストを受験する人のための対策問題集です。共通テストとプレテストの分析結果に基づき，共通テストに向けて取り組んでおきたい問題を精選し，解説しています。

共通テストに向けた基本知識を身につける

本書では，まず，「共通テスト」がどういう試験なのかを簡単に説明し（→**「共通テストとは」**），「生物」の問題全体について，センター試験と大学入学共通テスト，およびそのプレテストを徹底的に比較・分析し，共通テストの対策において重要な点を詳しく説明しています（→**「分析と対策」**）。

プレテスト＋対策用問題で思考力を高める

本書では，**第１・２回プレテストの問題**に加え，共通テスト対策用の練習問題として，センター試験の過去問や，全国の大学で出題された二次・個別試験の過去問を共通テスト用に選定・アレンジして収録しています。いずれも「思考力」を養うことができる良問です。これらを，プレテストの問題と合わせて分野別に整理したのが**「分野別の演習」**の各章です（全 30 題）。問題に取り組むことで，共通テストの傾向をより深く知ることができます。そして，総仕上げとして，巻末の**「実戦問題」**を用意しています。2021 年度共通テスト本試験第１日程の問題をそのまま収載していますので，本番形式でのチャレンジに最適です。

本書の活用法

「分野別の演習」第１章から第５章にかけては，各分野についての演習問題を解くことで，基礎的な力を確認するとともに，読解力・分析力・考察力を養うことができるよう編成しています。１問１問，じっくりと解くことで理解を深めましょう。また，**「実戦問題」**に時間を計って取り組むことで，自分の実力を測ることができます。

共通テストに臨むにあたっては，各分野の知識の総合的な理解が欠かせません。演習の際に知識不足を感じたら，教科書や資料集を用いて知識を再確認してください。

さらに演習を重ねたい人は，本書を終えた後に『共通テスト過去問研究 生物／生物基礎』（教学社）などを用いて，センター試験の過去問に取り組むことをおすすめします。迷わずに正答にたどり着ける実力が養成されていることが実感できるでしょう。

共通テストとは？

大学入学共通テスト（以下，共通テスト）は，大学への入学志願者を対象に，高校における基礎的な学習の達成度を判定し，大学教育を受けるために必要な能力について把握することを目的とする試験です。一般選抜で国公立大学を目指す場合は原則的に，一次試験として共通テストを受験し，二次試験として各大学の個別試験を受験することになります。また，私立大学も９割近くが共通テストを利用します。そのことから，共通テストは50万人近くが受験する，大学入試最大の試験になっています。以前は大学入試センター試験がこの役割を果たしており，共通テストはそれを受け継ぐものです。

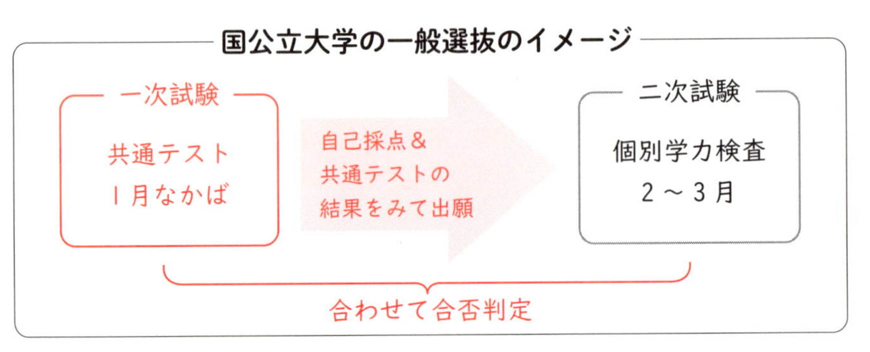

共通テストの特徴

共通テストの問題作成方針には「思考力，判断力，表現力等を発揮して解くことが求められる問題を重視する」とあり，これまで以上に**「思考力」を問う出題**が見られます。実際の問題を見ると，**日常的な題材**を扱う問題や**複数の資料**を読み取る問題が多く出題されています。そのため，共通テストの問題は難しく感じられるかもしれません。

しかし，過度に不安になる必要はありません。これまでも，思考力を問うような問題は出題されてきましたし，共通テストの問題作成方針にも「これまで問題の評価・改善を重ねてきた大学入試センター試験における良問の蓄積を受け継ぎつつ」と明記されています。共通テストの対策をする際は，センター試験の過去問も上手に活用しましょう。

「英語」の変更点

共通テストの英語では，センター試験の「筆記」が「リーディング」に改称され，「読むこと」に特化した内容になっています。また，センター試験では「筆記 200 点・リスニング 50 点」の「4：1」だった配点が，英語 4 技能※をバランスよく育成するという観点から，「リーディング 100 点・リスニング 100 点」の「1:1」の配点になっています。ただし，実際の入試で配点の比重をどのように置くかは各大学の判断になります。リーディングとリスニングの点数を「4：1」や「3：1」に換算して入試に用いる大学もあります。各大学の募集要項で必ず確認しましょう。

※英語 4 技能：読む（リーディング），聞く（リスニング），話す（スピーキング），書く（ライティング）

● リスニングでは「1 回読み」の問題も出題

センター試験のリスニングでは問題音声はすべて 2 回ずつ読み上げられていました。共通テストでは実際のコミュニケーションを想定して「1 回読み」の問題も出題されます。聞き逃しが許されないことになりますから，リスニング対策がより重要になったと言えるでしょう。

読む＋考える習慣をつけよう

共通テストは，これまで以上に**知識の活用**に重点が置かれ，「思考力」が問われるとされていますが，具体的にはどういうことでしょうか。実際の問題を見ると，たとえば**「複数の情報を組み合わせて考える問題」**や，**「正答となる組み合わせが複数ある問題」**などの出題が増えています。全体的に読む分量が増えているので，情報や文章を速く正確に読み取る**読解力**がより大切になってくると言えるでしょう。

各科目で学習する内容を実生活と結び付けてとらえ，実生活における正解のない問いに立ち向かう力をつけてほしいという考え方から，**高校での学習など身近な場面設定がなされている問題**も見られます。

共通テストへの対策は，各教科で学ぶべき内容をきちんと理解していることが土台になります。その上で，本シリーズを使って，共通テストの設問や解答形式に慣れておくとよいでしょう。普段から読むことをおろそかにせず，何に対しても「なぜなのか」を考える習慣をつけておきましょう。

共通テストの出題教科・科目

解答方法は全教科マーク式。

教科	出題科目	選択方法・出題方法	試験時間(配点)
国語	『国語』	「国語総合」の内容を出題範囲とし，近代以降の文章（2 問 100 点），古典(古文(1 問 50 点)，漢文(1 問 50 点))を出題する。	80 分 (200 点)
地理歴史	「世界史A」 「世界史B」 「日本史A」 「日本史B」 「地理A」 「地理B」	10科目から最大 2 科目を選択解答(同一名称を含む科目の組合せで 2 科目選択はできない。受験科目数は出願時に申請)。 『倫理，政治・経済』は，「倫理」と「政治・経済」を総合した出題範囲とする。	1 科目選択 60 分 (100 点) 2 科目選択 解答時間 120 分 (200 点)
公民	「現代社会」 「倫理」 「政治・経済」 『倫理，政治・経済』		
数学 ①	「数学Ⅰ」 『数学Ⅰ・数学A』	2 科目から 1 科目を選択解答。 『数学Ⅰ・数学A』は，「数学Ⅰ」と「数学A」を総合した出題範囲とする。「数学A」は 3 項目（場合の数と確率，整数の性質，図形の性質）の内容のうち，2 項目以上を学習した者に対応した出題とし，問題を選択解答させる。	70 分 (100 点)
数学 ②	「数学Ⅱ」 『数学Ⅱ・数学B』 『簿記・会計』 『情報関係基礎』	4 科目から 1 科目を選択解答。 『数学Ⅱ・数学B』は，「数学Ⅱ」と「数学B」を総合した出題範囲とする。「数学B」は 3 項目（数列，ベクトル，確率分布と統計的な推測）の内容のうち，2 項目以上を学習した者に対応した出題とし，問題を選択解答させる。	60 分 (100 点)
理科 ①	「物理基礎」 「化学基礎」 「生物基礎」 「地学基礎」	8 科目から下記のいずれかの選択方法により科目を選択解答（受験科目の選択方法は出願時に申請)。 A　理科①から 2 科目 B　理科②から 1 科目 C　理科①から 2 科目および理科②から 1 科目 D　理科②から 2 科目	【理科①】 2 科目選択 60 分（100 点) 【理科②】 1 科目選択 60 分（100 点) 2 科目選択 解答時間 120 分 (200 点)
理科 ②	「物理」 「化学」 「生物」 「地学」		
外国語	『英語』 『ドイツ語』 『フランス語』 『中国語』 『韓国語』	5 科目から 1 科目を選択解答。 『英語』は，「コミュニケーション英語Ⅰ」に加えて「コミュニケーション英語Ⅱ」および「英語表現Ⅰ」を出題範囲とし，「リーディング」と「リスニング」を出題する。「リスニング」には，聞き取る英語の音声を 2 回流す問題と，1 回流す問題がある。	『英語』 【リーディング】 80 分（100 点) 【リスニング】 解答時間 30 分 (100 点) 『英語』以外 【筆記】 80 分（200 点)

Point 志望校での利用方法に注意！

共通テストでは，6 教科 30 科目の中から**最大で 6 教科 9 科目を選択して受験**します。どの科目を課すかは大学・学部・日程などによって異なります。受験生は志望大学の入試に必要な科目を選択して受験することになります。とりわけ，理科の選択方法や地歴公民の科目指定などは注意が必要です。受験科目が足りないと出願できなくなりますので，**第一志望に限らず，出願する可能性のある大学の入試に必要な教科・科目は早めに調べておきましょう。**

共通テストのキーワード

WEBもチェック！

共通テストのことがわかる！

http://akahon.net/k-test/

本書の内容は，2021 年 5 月までに文部科学省や大学入試センターから公表された資料や内容に基づいて作成していますが，実際の試験の際には，変更等も考えられますので，「受験案内」や大学入試センターのウェブサイトで，最新の情報を必ず確認してください。

大学入試センター ウェブサイト：https://www.dnc.ac.jp/

分析と対策

2021年1月から始まった「大学入学共通テスト」は，これまでの大学入試センター試験とどのような点が異なるのかについて，実際に実施された2021年度の共通テスト（第1・第2日程）と2020年度のセンター試験本試験，共通テストの試行調査として実施された2回のプレテストを比較分析します。
(p. 12〜14に，各試験の出題内容・マーク数・配点を示しています)

試験時間・大問構成

センター試験では試験時間は60分でしたが，共通テストでも60分と変更はありませんでした。近年のセンター試験は大問7題からなり，第6問と第7問はどちらかを選択して解答する形式でしたが，両日程ともに共通テストは大問6題からなり，いずれもすべての問題を解答する形式でした。すべての大問を解答する形式は旧々課程の「生物ＩＢ」と同じものです。

設問の量・解答形式

2021年度共通テストの設問数は26問（マーク数27個）で，プレテスト2回での設問数は27問（マーク数31〜35個），過去3年間のセンター試験本試験での設問数26〜30問（マーク数32〜35個）に比べてやや少なくなっています。

解答形式については，マーク式のままで変更はありませんでした。2021年度共通テストでは，該当する記号を「過不足なく含む」選択肢を選ぶ問題で，部分点の設定がみられました。完答しないと点数が得られない場合に比べると，部分点が得られる問題が導入されているのは受験生にとっては朗報といえます。ただし，選択肢を丁寧に判別することが求められる点については今後も変わりありません。なお，全科目のマーク式において，該当する選択肢をすべて選んでマークする問題については，大学入試センターは採点の技術的な都合から共通テスト導入当初時の実施は困難であると発表しています（→p. 15「資料」を参照）。

出題内容の分析

〈1〉分野にとらわれない出題，多角的思考が求められる

これまでセンター試験では大問ごとに大きなテーマ（分野）が決まっており，その分野内から，ほぼ決まった数の設問（第1問～第5問は設問数5～7程度，第6問・第7問は設問数3～4程度）が出題されていました。しかし，2021年度の共通テストやプレテストでは大問ごとに，注目する分野がほぼ1つのものや，複数の分野にまたがる大問など，**大問ごとに扱う分野数とボリュームが全く異なっています**。大問によって設問数が3しかないものもあれば，複数の分野をまたいで出題されている大問では，設問数が8（マーク数は10）におよぶものなどもあるため，形式にとらわれず，**多角的に思考することが必要**となります。また，それぞれの大問には設問の数に近い数の資料が提示されており，選択肢の中にも，想定される結果を示した資料が示されている場合があり，これまでのセンター試験とは異なった工夫がみられます。

〈2〉知識だけでなく考察力・情報を統合する力が求められる

用語や現象の名称を問うような単純な知識に関する設問がほとんどなくなっているのが共通テストの特徴です。考察力が求められる問題の比重が大きくなっており（センター試験➡知識：考察＝1：1，共通テスト➡**知識：考察＝1：4**），特に**提示された情報から，整合性のある結論・推論を選ぶ**問題が多く，これまでのセンター試験とは異なる大きな特徴となっています。

また，大学入試センターより公表されている「問題のねらい」には，どの問題においても，**「初見の資料から必要なデータや条件を抽出・収集し，情報を統合しながら解決する力を問う」「多様な視点から情報を整理・統合するとともに，グラフを分析・解釈した結果を組み合わせることにより考察する力を問う」**といった出題意図が記されています。

これまでのセンター試験の問題でも上記に類似した内容が問われる局面は多くみられましたが，2021年度の共通テストやプレテストでは，さらに踏み込んで，**「整合性をもって予想される結果や仮説を選択」**するという設問が多くみられました。つまり，知識だけで解答するのではなく，**「情報を統合する力をみる設問」**が多く出題されるのが，共通テストの大きな特徴といえます。

※本書に収載された問題のうち，第1・2回プレテストの問題の解説には，大学入試センターより公表された「問題のねらい」（「◆ねらい◆」）と，各問の正答率を紹介しています。加えて，注意しておきたい点や問題への取り組み方を着眼点として解説しています。これらも参考としてください。

2021 年度共通テスト本試験の出題内容・マーク数・配点

分　野				出題内容	マーク数	配点
第1日程	〔1〕	生命現象と物質，生物の進化と系統		乳糖の消化と遺伝	4	14
	〔2〕	生態と環境		種間関係	4	15
	〔3〕	生態と環境		生産構造図	3	12
	〔4〕	生物の環境応答		動物の行動	4	13
	〔5〕	生殖と発生，生物の環境応答	A	植物の生殖と発生	3	12／部分点あり
			B	植物の環境応答	4	15
	〔6〕	生殖と発生，生物の環境応答	A	動物の発生のしくみ	2	7
			B	動物の行動	3	12
第2日程	〔1〕	生命現象と物質，生物の進化と系統，生殖と発生	A	抗体の構造	4	13
			B	植物の雑種形成	3	12
	〔2〕	生態と環境，生物の環境応答		植物と光，種子の発芽	6	22
	〔3〕	生態と環境		生態ピラミッド	4	14
	〔4〕	生物の体内環境の維持，生命現象と物質		尿生成，細胞と分子	4	15
	〔5〕	生殖と発生，生物の進化と系統		ホメオティック遺伝子	3	12
	〔6〕	生物の環境応答		音刺激と聴覚	3	12

プレテストの出題内容・マーク数・配点

分　野			出題内容		マーク数	配点
第1回（2017年度）	〔1〕	生態と環境		生物の分布とゴカイの発生	4	—
	〔2〕	生殖と発生	A	遺伝情報と減数分裂	4	—
			B	ABC モデルと花器官の関係	3	—
	〔3〕	生命現象と物質	A	物質循環と光合成	3	—
			B	農薬と窒素同化の過程	6	—
	〔4〕	生態と環境	A	遷移とバイオーム	3	—
		生物の進化と系統	B	花粉の進化	3	—
	〔5〕	生命現象と物質	A	遺伝情報の発現	2	—
		生物の進化と系統	B	ヒトの耳垢の表現型	4	—
	〔6〕	生物の環境応答		オキシトシンを介したヒトとイヌの関係	3	—
第2回（2018年度）	〔1〕	生物の環境応答	A	骨格筋の構造	2	9／部分点あり
		生命現象と物質	B	ヒトのエネルギー供給法	1	3
	〔2〕	生物の進化と系統，生殖と発生	A	植物の系統，交雑を妨げるしくみ	5	15／部分点あり
		生物の環境応答，生態と環境	B	花芽形成，植生の分布，物質収支	5	15／部分点あり
	〔3〕	生殖と発生，生物の進化と系統		ショウジョウバエの発生，ホメオティック遺伝子	4	14／部分点あり
	〔4〕	生殖と発生，生態と環境		リスの個体群動態	6	18
	〔5〕	生命現象と物質	A	遺伝子組換えとタンパク質の発現	3	11／部分点あり
		生命現象と物質，生物の進化と系統	B	酵素の活性，遺伝子頻度	5	15／部分点あり

（注）　全問必答。
第 1 回プレテスト：5110 人が受検（約 93％が高校 3 年生）。配点の設定なし。
第 2 回プレテスト：1611 人が受検（うち高校 3 年生 1386 人）。3 年生の平均点は 36.05 点。

● センター試験（2020 年度本試験）の出題内容・マーク数・配点

分　野			出題内容		マーク数	配点
〔1〕	必答	生命現象と物質	A	遺伝情報の発現	3	10
			B	細胞周期	2	8
〔2〕	必答	生殖と発生	A	発生のしくみ	3	9
			B	被子植物の生殖と発生	3	9
〔3〕	必答	生物の環境応答	A	動物の環境応答	3	9
			B	植物の環境応答	3	9
〔4〕	必答	生態と環境	A	生態系	3	10
			B	生態ピラミッド	5	8
〔5〕	必答	生物の進化と系統	A	進化	3	9
			B	生物の系統	3	9
〔6〕	選択	生命現象と物質，生物の環境応答		遺伝情報の発現，植物の環境応答	3	10
〔7〕	選択	生物の進化と系統		生物の変遷と系統	4	10

資料：「大学入学共通テストの導入に向けた平成30年度（2018年度）試行調査（プレテスト）の結果報告」（2019年4月 大学入試センター発表）より「実施面の課題検証とその解決に向けた分析等」

当てはまる選択肢を全て選択する問題の方向性

- 当てはまる選択肢を全て選択する問題では，これまでの択一式では十分に問うことができなかった資質・能力を問うことができるメリットがある。一方で，マークの読み取りに関する課題も指摘されている。

（中略）

- 出題上のメリットはあるものの，受検者への影響を踏まえると，当てはまる選択肢を全て選択する問題は，CBT形式の導入などがなされれば可能であるが，マークシートを前提とした共通テスト導入当初から実施することは困難であると考えられる。
- そこで，これまでの試行調査における問題作成の蓄積を生かし，マークの読み取りは現在の方法を維持した上で，当てはまる選択肢を全て選択する問題を通して問いたい資質・能力と同程度の資質・能力を出題する形式について検討を行った。
- 例えば，数学を例にすると，次のような出題形式が考えられる。なお，以下に示すものは参考例であり，出題形式が画一的なパターンに陥ることなく，問いたい資質・能力や難易度等を踏まえた適切なものとなるよう不断の検討・改善に努めることとする。

【第2回試行調査の問題（当てはまる選択肢を全て選択する問題）】
…を満たすものを，次の⓪〜⑧のうちからすべて選べ。

⇩

【出題形式例①】
次の⓪〜⑧のうち，…を満たす値は全部で［ア］個あり，そのうち，最大となる値の番号は［イ］であり，最小となる値の番号は［ウ］である。

【出題形式例②】
次のA〜Gの各値について，…を満たすものをすべて挙げたものとして正しい組合せを下の⓪〜⑥の中から一つ選べ。

① A　D　　② B　G　　③ B　C　D
④ A　E　G　　⑤ C　D　E　G　　⑥ A　E　F　G

 共通テストに向けた対策

2021年度に行われた2回の共通テストと2回のプレテストの内容から，これからは，**問われ方が変わる（仮説・推論を選ぶなど）ものが全体としてより多く含まれる**ようになるのではないかと推測されます。つまり，知識をそのまま使って解く問題だけではなく，総合的に判断する能力が重視された問題が多く含まれるようになると思われます。センター試験以上に，提示された資料の内容把握の力が必要になるでしょう。

第1回プレテストは，資料の種類や与えられた条件が難しく，各設問の正答率も低いものでしたが，第2回プレテストは第1回よりも難易度が下がり標準的になりました。2021年度の共通テストは第2回プレテストよりさらに難易度が下がりましたが（第1日程の平均点：72.64点），従来センター試験において平均点が6割程度になるように調整されて出題されていたことを考慮すると，今後の共通テストの難易度は2021年度のものより上がる可能性もありそうです。2回のプレテストと2021年度の共通テストは平均点には違いはありますが，出題者の意図である**「初見の資料から必要なデータや条件を抽出・収集し，情報を統合しながら解決する力を問う」**という意向はいずれからも色濃くうかがうことができます。

したがって，これまで通りの知識と考え方の活用に加えて，複数の資料を多角的に処理できる思考力が必要になります。例えば，「長日植物はどのような環境に適応し，進化してきているか」「遺伝子型（塩基の違い）と小集団に分断された後の遺伝子型構成の変化の関係」「酵素タンパク質を構成するポリペプチドの数と酵素活性の関係」など，**具体的な生物学的意味を理解する学習が必要**となります。

本書には，共通テスト対策として有用なセンター試験の過去問やプレテスト，全国の大学で出題された二次・個別試験の過去問を共通テスト用にアレンジしたものを収載しています。また，2021年度の共通テストの演習を通して，今後の共通テストが求める学力というものを理解することができます。まずは，これらを利用して共通テストに必要な力とは何かをより深く知ってもらいたいと思います。本書に取り組み，センター試験の過去問などに取り組むことが，共通テストへの最も実戦的かつ効果的な対策となるでしょう。

分野別の演習

第1章　生命現象と物質　指針

分野の特徴

細胞の構造と機能，光合成と呼吸のしくみ，遺伝情報の発現機構といった最重要項目を含む分野であり，センター試験でも第1問で出題されることが多かった。「生物基礎」の「生物の特徴と遺伝子」(生物の特徴，遺伝子とそのはたらき）の知識を前提とした分野であり，「生物基礎」の内容を含む出題も考えられるので，基本的知識の確認を十分に行っておくことが重要である。生物学における最新の研究結果が反映される分野であり，実験問題も出題されやすい。様々なパターンの出題に慣れておきたい。

細　胞

センター試験の頻出項目である細胞の詳細な構造，タンパク質の構造とその細胞内外でのはたらきを押さえておきたい。2021年度共通テスト第2日程では，細胞の構造と機能について，細かい知識の有無を問うのではなく基本的な内容を理解しているかを問われた。2020年度センター本試験では「生物基礎」の細胞周期に関する出題がみられた。最初から細かい知識を覚え込むのではなく，タンパク質のはたらきを中心として，細胞の構造や機能について大まかに原理を理解し，その後詳細な内容を覚えていくとよい。用語を単に覚えるのではなく，用語について説明できるようにしていくことが大切である。

代　謝

2019年度本試験では，光合成研究に関して教科書でも紹介されている実験を題材に出題された。有名実験についての知識があれば非常に有利なので，教科書に出ている実験についてはすべて読んでおこう。化学反応式だけでなく電子の流れ（電子伝達系と補酵素）とATP合成のしくみについて理解しておくと高度な問題にも対応しやすい。また，生体反応に必ず関与する酵素の構造や機能についても押さえておきたい。

遺伝情報

センター試験の頻出項目は遺伝情報の発現と調節，バイオテクノロジーである。計算や推論を必要とする問題が多く，かなり難度の高い問題となることも考えられるので，対応できるようにしておきたい。「生物基礎」の内容に加えて，DNAの複製のしくみ，スプライシング，転写調節などが「生物」特有の重要項目である。これらの内容についてきちんと理解しておこう。

第1章　生命現象と物質　演習問題

1　センター試験 2002 年度本試 生物ⅠB

酵素に関する次の文章を読み，下の問い（問1～4）に答えよ。
〔解答番号 1 ～ 6 〕

洗濯用洗剤にはさまざまな種類のものがあるが，酵素洗剤はその一つである。衣服の汚れには，垢（あか）や汗などの人間の体から出たものと，食物のかす，ちり，ほこり，泥などが含まれている。このうち体から出た汚れの主な成分は，タンパク質と脂肪（あぶら）である。そこで，酵素洗剤には，細菌がつくりだしたタンパク質分解酵素や脂肪分解酵素（リパーゼ）などが配合されている。

問1　タンパク質分解酵素の一般的性質として，正しいものはどれか。次の①～⑥のうちから二つ選べ。ただし，解答の順序は問わない。 1 ・ 2

① タンパク質を分解するとペプチドが生成されるが，アミノ酸は生成されない。
② 酵素の種類を変えても，あるタンパク質を分解してできる分解物の種類は変わらない。
③ タンパク質の分解反応に水分子は関与しない。
④ タンパク質を完全に分解してできる分解物の種類は，酵素の量を増しても変わらない。
⑤ 酵素によるタンパク質の分解速度は，常温では塩酸による分解速度より遅い。
⑥ タンパク質の分解反応の前後で，酵素自身の性質はほとんど変化しない。

問2　酵素洗剤に関する記述として，**誤っているもの**はどれか。次の①～⑥のうちから二つ選べ。ただし，解答の順序は問わない。 3 ・ 4

① 多くの合成洗剤は弱アルカリ性なので，用いる酵素の最適 pH は弱酸性が望ましい。
② 汚れにはさまざまな物質が含まれるので，酵素の基質特異性は低い方が望ましい。
③ 洗濯中に酵素の活性を保つには，酵素の溶解度が低いことが望ましい。
④ 酵素のはたらきを保つには，洗剤によって酵素の化学的性質が変化しないことが望ましい。

⑤ 酵素を2種類用いる場合には，両酵素の最適pHが近いことが望ましい。
⑥ 酵素による分解量は時間とともに増すので，あらかじめ酵素洗剤液に浸け置くことが望ましい。

問3 あるタンパク質分解酵素について，さまざまな温度で反応時間に伴う生成物の量を測定したところ，図1のグラフが得られた。この酵素の反応速度が**急速に低下しはじめる温度**（a）と，この酵素を酵素洗剤として用いるとき20分の洗濯時間のうちにタンパク質の**汚れが最もよくおちる温度**（b）の組合せとして，正しいものはどれか。下の①～⑦のうちから一つ選べ。 5

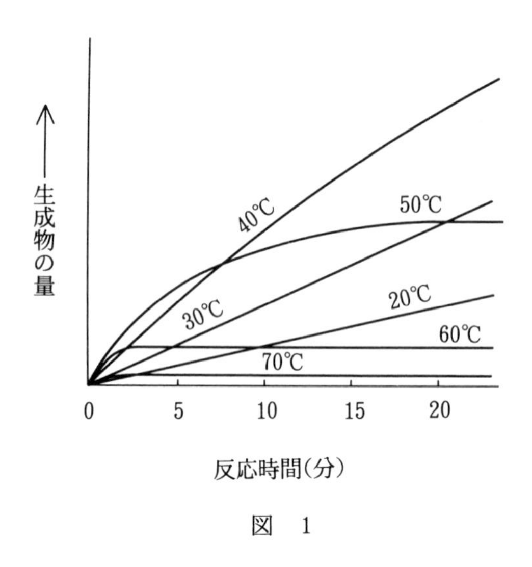

図 1

	a	b
①	20℃	70℃
②	30℃	70℃
③	30℃	50℃
④	40℃	40℃
⑤	40℃	50℃
⑥	50℃	40℃
⑦	50℃	50℃

問4 図1のグラフの曲線から**読みとれない**項目はどれか。次の①～④のうちから一つ選べ。 6

① 酵素の熱による不活性化
② 酵素の反応速度と酵素量の関係
③ 酵素反応が化学反応であること
④ 酵素の反応の最適温度

2 センター試験 2017 年度本試 生物

細胞を構成する物質や細胞小器官を解析する研究技術に関する次の文章を読み，下の問い（問１～２）に答えよ。
〔解答番号 1 ～ 3 〕

遠心力を利用して，生体物質や細胞小器官を，それらの大きさ，質量，密度に基づいて遠心分離する技術（遠心分離技術）が開発されてきた。

問１　DNA の複製のしくみについて調べるため，遠心分離技術を用いた実験を行った。同位体 ^{15}N（重い窒素）のみを窒素源として含む培地で大腸菌を長期間培養し，大腸菌内の窒素をほぼ全て ^{15}N に置き換えた。その後，^{14}N（軽い窒素）のみを窒素源として含む培地に移して培養し，大腸菌を２回分裂させた。この大腸菌から DNA を抽出し，遠心分離技術により，その密度に基づいて分離した。遠心分離後の遠心管（試料の遠心分離に用いる容器）中の，分離された DNA の様子として最も適当なものを，次の①～⑥のうちから一つ選べ。 1

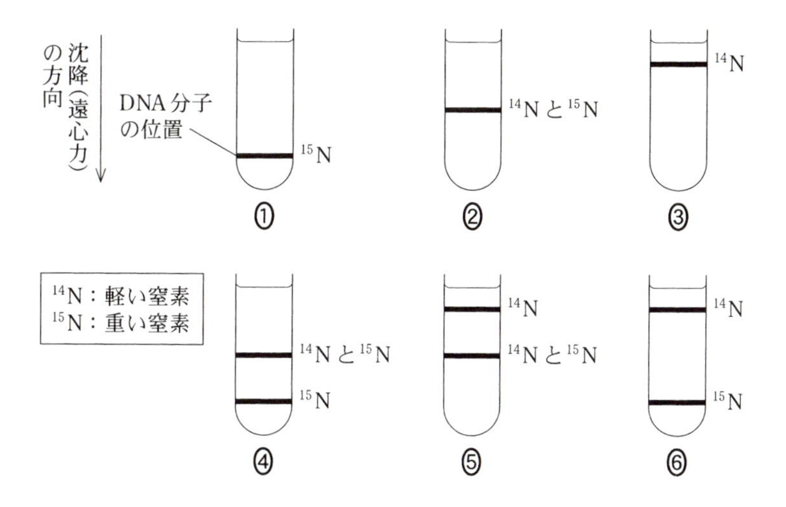

問２　細胞小器官の特性を調べる実験を行った。ラットの肝臓から肝細胞を単離後，塩分濃度の低い溶液で破裂させた。次に，ほとんど全ての遺伝情報を含む細胞小器官Ａを，その分離に適した条件の遠心分離技術で，沈殿物として遠心管の底に分離した。その後，細胞小器官Ａを除いた細胞抽出液を，底の方が密度が高く，上面に近い方が密度が低い勾配をもった溶液を満たした遠心管を用いて遠心分離することにより，細胞小器官をその密度に基づいて分離した。その結果，タンパク質を分解する酵素が多く含まれる密度 $1.12\,g/cm^3$ の細胞小器官Ｂ，ATP を合成する酵素が多く含まれる密度 $1.18\,g/cm^3$ の細胞小器官Ｃ，およびカタラーゼが多く含まれる密度 $1.23\,g/cm^3$ の細胞小器官Ｄが分離された。細胞小器官Ａ～Ｄに関する記述として適当なものを，次の①～⑧のうちから二つ選べ。ただし，解答の順序は問わない。[2]・[3]

① 細胞小器官Ａでは，スプライシングが起こる。
② 細胞小器官Ｂでは，酸化的リン酸化が起こる。
③ 細胞小器官Ｃでは，アルコール発酵が起こる。
④ 細胞小器官Ｄでは，光エネルギーを利用した ATP の合成が起こる。
⑤ 細胞小器官Ｂ，Ｃ，およびＤのうち，遠心管の底から一番遠くに分離される細胞小器官では，クエン酸回路がはたらいている。
⑥ 細胞小器官Ｂ，Ｃ，およびＤのうち，遠心管の底から一番遠くに分離される細胞小器官では，カルビン・ベンソン回路がはたらいている。
⑦ 細胞小器官Ｂ，Ｃ，およびＤのうち，遠心管の底から一番近くに分離される細胞小器官では，過酸化水素が酸素と水に分解される。
⑧ 細胞小器官Ｂ，Ｃ，およびＤのうち，遠心管の底から一番近くに分離される細胞小器官では，アルコールが酸素と水に分解される。

3　センター試験 2018 年度本試 生物

遺伝子組換え実験に関する次の文章を読み，下の問い（問 1 ～ 3）に答えよ。
〔解答番号 1 ～ 3 〕

生物学の研究において，(a)遺伝子組換え技術は重要な手法の一つである。目的の遺伝子を組み込んだ遺伝子組換え用プラスミドを大腸菌に取り込ませる形質転換操作を行う場合，全ての大腸菌にプラスミドが導入されるわけではない。そこで，細菌の生育を阻害する抗生物質に対する耐性遺伝子をプラスミドに組み込むことで，プラスミドが導入された大腸菌のみを抗生物質によって選別することができる。遺伝子組換え大腸菌を作製するため，**実験 1** を行った。

実験 1　大腸菌培養用の液体培地，寒天，および抗生物質のアンピシリン，カナマイシンを用いて，寒天培地Ａ～Ｃを作製した。寒天培地Ａには抗生物質が含まれておらず，寒天培地Ｂにはアンピシリンが，寒天培地Ｃにはカナマイシンが含まれている。また，遺伝子組換え用プラスミドとして，図 1 に示すプラスミドＸ～Ｚを準備した。これらのプラスミドには，アンピシリン耐性遺伝子，カナマイシン耐性遺伝子，緑色蛍光タンパク質（GFP）遺伝子のうちの 2 種類が組み込まれている。これらの遺伝子はいずれも，大腸菌内で常に発現を誘導するプロモーターに連結されている。

大腸菌の膜の透過性を高め，プラスミドを取り込みやすくする溶液で大腸菌を処理した後，遺伝子組換え用プラスミドを用いて形質転換操作を行った。また対照実験として，形質転換操作にプラスミドを用いないものも実施した。これらの形質転換操作を行った大腸菌を，それぞれの寒天培地上に塗布し，恒温器で一日培養したところ，表 1 の結果が得られた。ただし，寒天培地に塗布した大腸菌数は，いずれの場合でも等しいものとする。

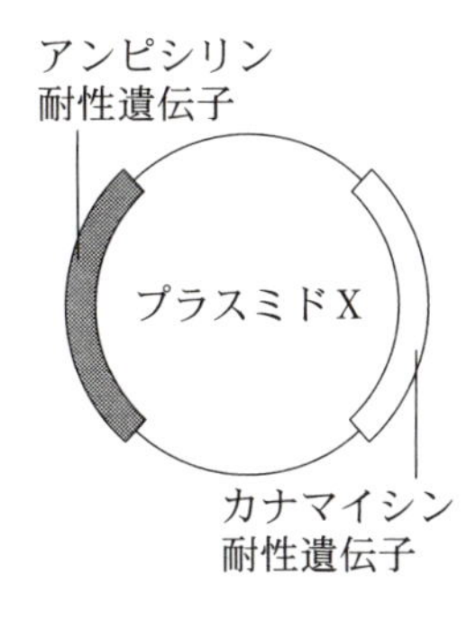

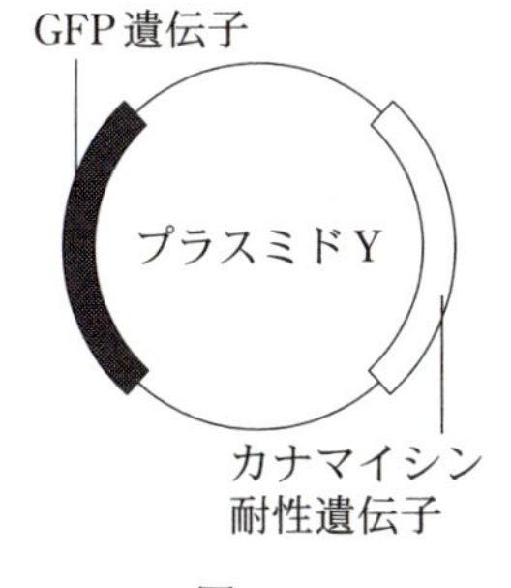

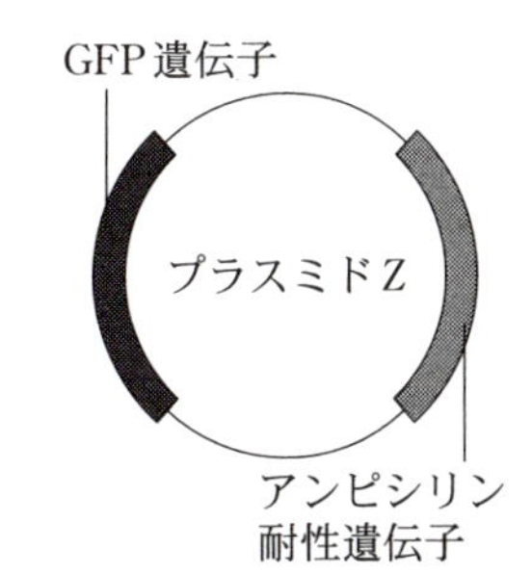

図　1

表 1

形質転換操作に使用したプラスミド	寒天培地A（抗生物質なし）	寒天培地B（アンピシリン含有）	寒天培地C（カナマイシン含有）
プラスミドなし	＋	－	－
プラスミドX	＋	＋	＋
プラスミドY	＋	－	＋
プラスミドZ	ア	イ	ウ

＋：コロニーあり，－：コロニーなし

問1 下線部(a)に関連して，組換えDNA実験に用いられる酵素に関する記述として最も適当なものを，次の①～⑥のうちから一つ選べ。 1

① 制限酵素は，2本鎖DNAの末端部分を識別して，DNA鎖をほどくはたらきをもつ。

② 制限酵素は，DNAの特定の塩基配列を識別して，その配列に続くDNAに相補的な1本鎖RNAを合成するはたらきをもつ。

③ 制限酵素は，DNAの特定の塩基配列を識別して，DNA鎖を切断するはたらきをもつ。

④ DNAリガーゼは，2本鎖DNAの末端部分を識別して，DNA鎖をほどくはたらきをもつ。

⑤ DNAリガーゼは，DNAの特定の塩基配列を識別して，その配列に続くDNAに相補的な1本鎖RNAを合成するはたらきをもつ。

⑥ DNAリガーゼは，DNAの特定の塩基配列を識別して，DNA鎖を切断するはたらきをもつ。

問2　表1の[ア]〜[ウ]に入る結果の組合せとして最も適当なものを，次の①〜⑧のうちから一つ選べ。[2]

	ア	イ	ウ
①	＋	＋	＋
②	＋	＋	－
③	＋	－	＋
④	＋	－	－
⑤	－	＋	＋
⑥	－	＋	－
⑦	－	－	＋
⑧	－	－	－

問3　実験1で生じた大腸菌のコロニーについて，GFPの検出に適した条件で観察したときの記述として最も適当なものを，次の①〜⑤のうちから一つ選べ。ただし，形質転換操作を行っていない大腸菌は，緑色の蛍光を発しないものとする。[3]

① プラスミドXを用いた場合，寒天培地Aでは，全てのコロニーが緑色の蛍光を発する。

② プラスミドXを用いた場合，寒天培地Bでは，ごく一部のコロニーのみが緑色の蛍光を発する。

③ プラスミドYを用いた場合，寒天培地Aでは，全てのコロニーが緑色の蛍光を発する。

④ プラスミドYを用いた場合，寒天培地Aでは，緑色の蛍光を発するコロニーは存在しない。

⑤ プラスミドYを用いた場合，寒天培地Cでは，全てのコロニーが緑色の蛍光を発する。

4　第2回プレテスト　第5問

次の文章（A・B）を読み，下の問い（問1～6）に答えよ。
〔解答番号［1］～［7］〕

A　緑色蛍光タンパク質(以下，GFP)は，現代生物学において様々な方法で利用されている。例えば，(a)遺伝子組換え技術を用いて，(b)調べたいタンパク質とGFPとの融合タンパク質を発現させ，発現時期や(c)細胞内での局在などに関する情報を得ることもできる。

問1　下線部(a)に関連して，次の(1)・(2)のように，遺伝子をプラスミドにつなぎ合わせる実験を行った。

(1)　あるDNA鎖を，次の図1の制限酵素X，Y，およびZで切断して，下の図2のようなDNA断片a，b，およびcを得た。

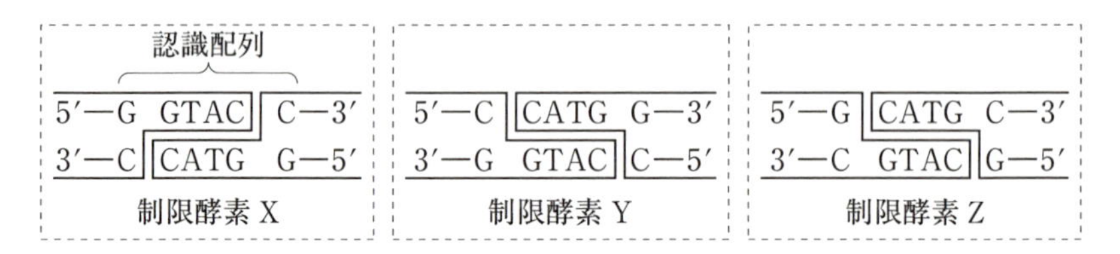

図1　制限酵素X，Y，およびZが認識する配列と切断の仕方

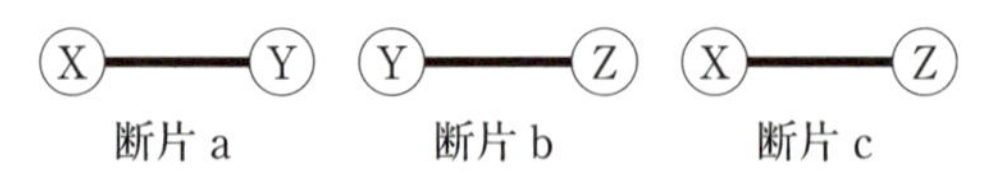

Ⓧ，Ⓨ，Ⓩ：制限酵素X，Y，またはZで切断したときの切り口

図　2

(2) プラスミドを，図1の制限酵素XとZとで切断して，次の図3のようなプラスミド断片を得た。

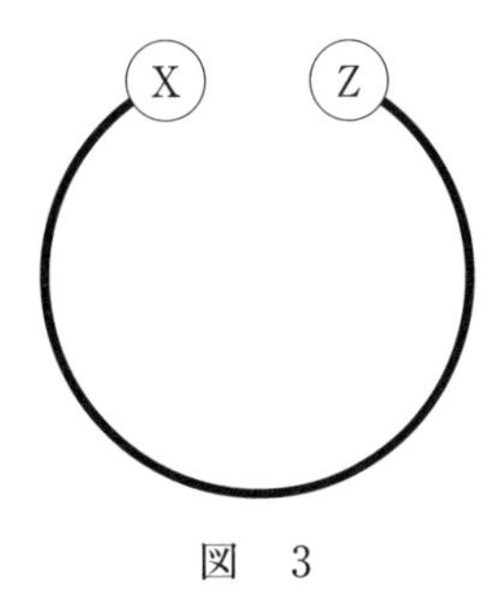

図　3

このプラスミド断片と図2のDNA断片a，b，またはcとを混合し，DNAリガーゼを加えて反応させたとき，図2のDNA断片a～cのうち，プラスミド断片に連結されて環状になり得るDNAはどれか。それらを過不足なく含むものを，次の①～⑧のうちから一つ選べ。ただし，1本のプラスミドに挿入されるDNA断片は1本だけとする。 **1**

① a　　② b　　③ c
④ a，b　　⑤ a，c　　⑥ b，c
⑦ a，b，c　　⑧ どれも環状にならない。

問 2 下線部(b)に関連して，チューブリンとGFPとの融合タンパク質を，マウスの様々な細胞で発現させることができるように，プラスミドを設計した。次の図4は，そのプラスミドの一部を模式的に示したものである。このとき，図4中の ア ～ ウ に入る配列の組合せとして最も適当なものを，下の①～⑥のうちから一つ選べ。 2

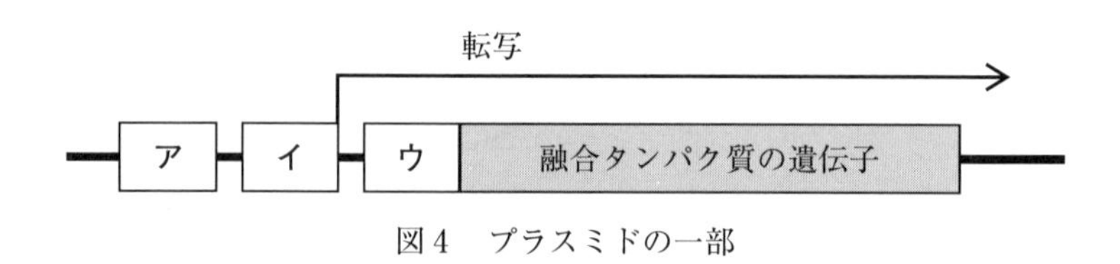

図4 プラスミドの一部

	ア	イ	ウ
①	転写調節領域（転写調節配列）	プロモーター	翻訳開始点
②	転写調節領域（転写調節配列）	翻訳開始点	プロモーター
③	プロモーター	転写調節領域（転写調節配列）	翻訳開始点
④	プロモーター	翻訳開始点	転写調節領域（転写調節配列）
⑤	翻訳開始点	転写調節領域（転写調節配列）	プロモーター
⑥	翻訳開始点	プロモーター	転写調節領域（転写調節配列）

問 3　下線部(c)に関連して，**問 2** で作製したプラスミドを複数のマウスに導入し，チューブリンと GFP の融合タンパク質を発現させ，様々な細胞で GFP の蛍光を観察したところ，この蛍光はチューブリンと同じ局在を示していた。次の蛍光顕微鏡像の模式図 d～h のうち，観察されたものはどれか。観察された像の組合せとして最も適当なものを，下の①～⑧のうちから一つ選べ。なお，GFP の蛍光は，黒塗りで示してある。また，図の縮尺は同じではない。 3

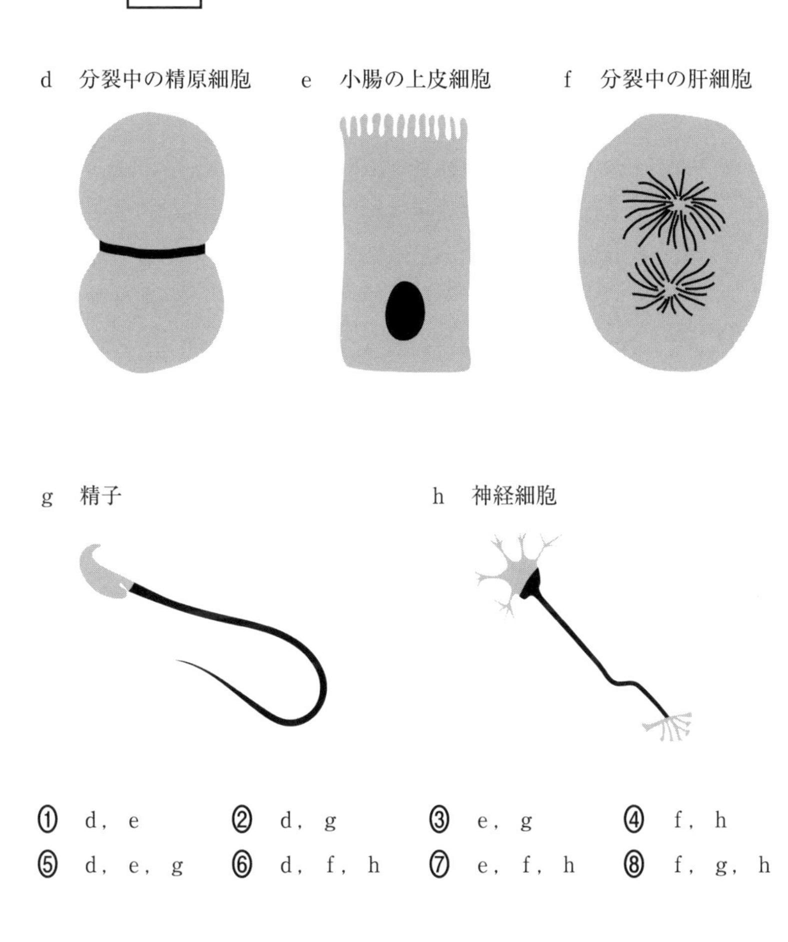

① d，e　② d，g　③ e，g　④ f，h
⑤ d，e，g　⑥ d，f，h　⑦ e，f，h　⑧ f，g，h

B　保健の授業で，日本人には，お酒(エタノール)を飲んだときに顔が赤くなりやすい人が，欧米人に比べて多いことを学んだ。このことに興味をもったスミコ，カヨ，ススムの三人は，図書館に行ってその原因について調べてみることにした。

スミコ：この本によると，顔が赤くなりやすいのは，エタノールの中間代謝物であるアセトアルデヒドを分解するアセトアルデヒド脱水素酵素(以下，ALDH)の遺伝子に変異があって，アセトアルデヒドが体内に蓄積されやすいからなんですって。変異型の遺伝子をヘテロ接合やホモ接合でもつ人は，ALDH の活性が正常型のホモ接合の人の2割くらいになったりゼロに近くなったりするそうよ。

カ　ヨ：ヘテロ接合体は，正常型の表現型になるのが普通だと思っていたけど，違うのね。ヘテロ接合体の表現型って，どうやって決まるのかしら。

ススム：ヘテロ接合体の活性がとても低くなってしまうっていうところが，どうもピンとこないね。僕は，ヘテロ接合体であっても正常型の遺伝子をもつのだから，そこからできる(d)タンパク質が酵素としてはたらくことで，正常型のホモ接合体の半分になると思うんだけどなあ。(図5)

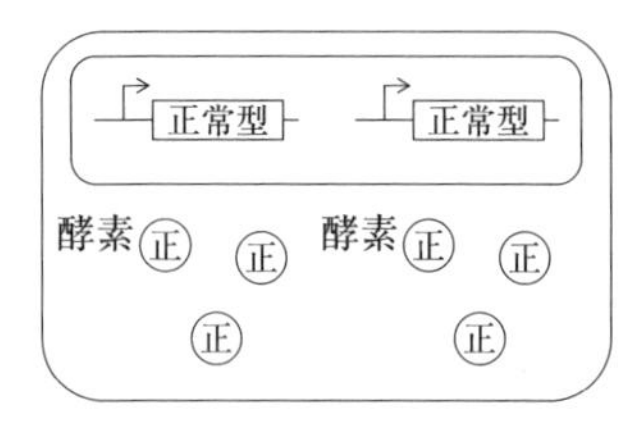

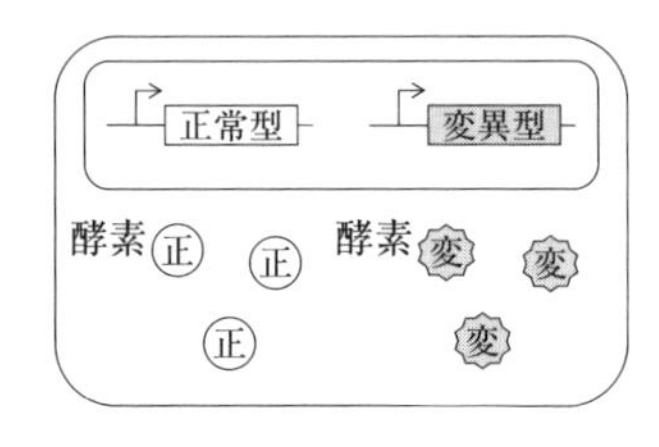

図　5

スミコ：あっ，もしかしたら，ALDH の遺伝子からつくられるポリペプチドは，(e)1本では酵素としてはたらかないんじゃないかしら。

ススム：ALDH に関する本を見つけたよ。本当だ，4本の同じポリペプチドが複合体となってはたらくんだってさ。よし，4本ではたらくとして計算してみるか。あれれ，(f)4本でもヘテロ接合体の活性は，半分になってしまうぞ。

カ　ヨ：ちょっと待って。私が見つけた文献には，ヘテロ接合体でできる５種類の複合体について詳しく書いてあるわ。（表１）

表１　５種類の複合体

変異ポリペプチドの本数	0	1	2	3	4
存在比	$\frac{1}{16}$	$\frac{4}{16}$	$\frac{6}{16}$	$\frac{4}{16}$	$\frac{1}{16}$
酵素活性（相対値）	100	48	12	5	4
複合体の例	正 正 正 正	正 正 正 変	変 正 正 変	変 変 正 変	変 変 変 変

カ　ヨ：表１から計算すると，ヘテロ接合体の活性は，正常型のホモ接合体の２割強になるわね。たぶん，ススムさんの計算は前提が違っているのよ。

スミコ：きっと活性のない変異ポリペプチドが，複合体の構成要素となって，活性を阻害しているのね。二人三脚で走るときに，速い人が遅い人と組むとスピードが遅くなるというのと同じことよ。ああ，だから，ヘテロ接合の人は，変異型のホモ接合体の表現型に近くなるんだわ。

ススム：なるほどね。日本人にお酒を飲んだときに顔が赤くなりやすい人が多いのには，変異ポリペプチドを含む複合体の ALDH の活性と，変異型の遺伝子頻度という生物学的な背景があるんじゃないかな。じゃあ，みんなで変異型の遺伝子頻度を調べてみようよ。

問 4　下線部(d)に関連して，細胞でつくられるタンパク質には，ALDH とは異なり，細胞外に分泌されてはたらくものもある。このようなタンパク質を合成しているリボソームが存在する場所として最も適当なものを，次の①～⑤のうちから一つ選べ。 4

① 核の内部　　② 細胞膜の表面　　③ ゴルジ体の内部
④ 小胞の内部　　⑤ 小胞体の表面

問 5　下線部(e)に関連して，２本の正常ポリペプチドが集合して初めてはたらく酵素を考える。このとき，正常ポリペプチドと，集合はできるが複合体の活性に寄与しない変異ポリペプチドがあると仮定する。正常ポリペプチドに対して混在する変異ポリペプチドの割合を様々に変化させるとき，予想される酵素活性の変化を表す近似曲線として最も適当なものを，次のグラフ中の①～⑤のうちから一つ選べ。 5

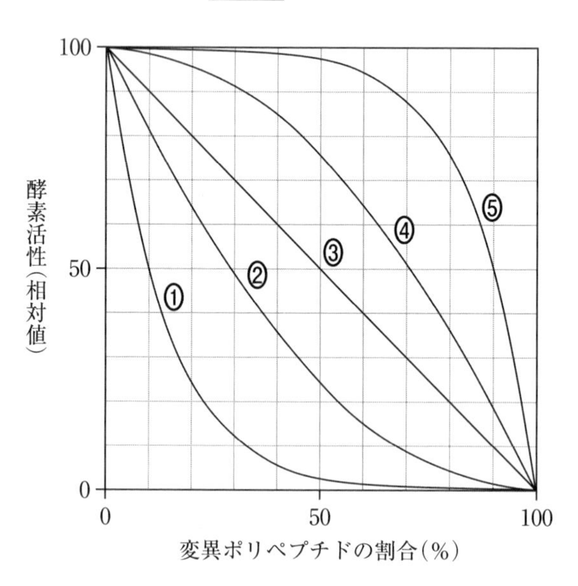

問 6　下線部(f)について，どのような前提で計算すれば，活性が半分になるか。考え得る前提として適当なものを，次の①～⑤のうちから二つ選べ。ただし，解答の順序は問わない。 6 ・ 7

① 複合体の酵素活性は，複合体中の正常ポリペプチドの本数に比例する。

② 複合体の酵素活性は，複合体中の変異ポリペプチドの本数に反比例する。

③ 正常ポリペプチドが 1 本でも入った複合体の酵素活性は，100 である。

④ 変異ポリペプチドが 1 本でも入った複合体は，酵素活性をもたない。

⑤ 変異ポリペプチドは，複合体の構成要素にならない。

5　第1回プレテスト　第5問　A

次の文章を読み，下の問い（問1～2）に答えよ。
〔解答番号 1 ～ 2 〕

ホタルのルシフェラーゼは，ATP の存在下でルシフェリンを分解することにより発光させる酵素である。このルシフェラーゼを大腸菌に合成させることにした。そこで，(a)ホタルのルシフェラーゼ遺伝子の発現を行うことのできるプラスミドを導入した大腸菌をつくり，寒天培地上で培養した。

問1　下線部(a)に関して，この大腸菌におけるルシフェラーゼの合成を検出することにした。まず，寒天培地上の大腸菌のコロニーをつまようじの先でかきとり，少量の溶解液に入れて溶かし，ルシフェリン溶液を加えたところ，微弱な発光が確認できた。合成されたルシフェラーゼの検出をより明確にするための手法として**適当でないもの**を，次の①～⑤のうちから一つ選べ。 1

① できるだけ大きいコロニーを使用する。
② 反応時に濃度の高いルシフェリン溶液を使用する。
③ 反応時にホタルから抽出したルシフェラーゼを加える。
④ 反応時に ATP 溶液を加える。
⑤ 発光を確認するときに部屋を暗くする。

問2　DNA の溶液は 260 nm の波長の光を吸収するので，その吸収を測定することによって DNA の濃度を推定できる。このことを利用し，下線部(a)を大量培養して得たプラスミドを定量することにした。得られたプラスミドを 100 μL の水に溶かし，ここから 1 μL をとって 99 μL の水で希釈した。この希釈液と，あらかじめ濃度のわかっている複数の DNA 溶液とについて，260 nm の波長の光の吸収を測定したところ，次の表1の結果が得られた。表1のデータをもとに，得られたプラスミド DNA の総量を推定したときの値として最も適当なものを，下の①～⑨のうちから一つ選べ。 2 μg

表 1

DNA 溶液	260 nm の光の吸収の測定値
0 μg/mL	0.00
5 μg/mL	0.08
10 μg/mL	0.25
20 μg/mL	0.35
30 μg/mL	0.65
50 μg/mL	0.98
プラスミド	0.52

グラフ用紙

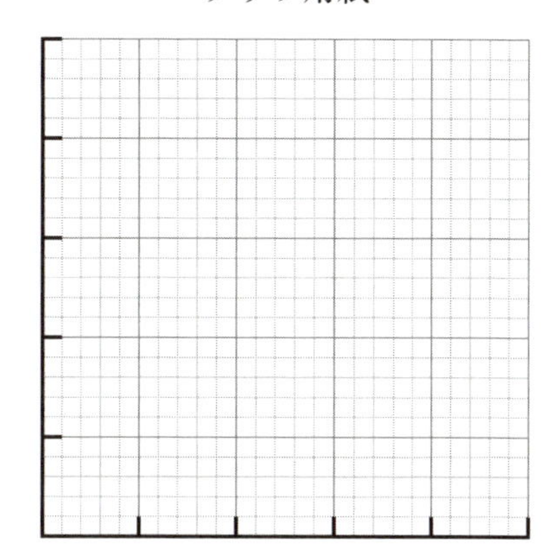

① 2.5　② 12.5　③ 25
④ 62.5　⑤ 125　⑥ 250
⑦ 625　⑧ 1250　⑨ 2500

6 第1回プレテスト　第3問

次の文章（A・B）を読み，下の問い（問1～5）に答えよ。
〔解答番号 1 ～ 9 〕

A　植物は，大気中の二酸化炭素（CO_2）を取り込み，光合成によって有機物に変換して自らの生育に役立てている。植物の CO_2 の吸収速度は，光合成器官である葉の量と葉の光合成速度の積に比例する。したがって，植物の葉の量が変わらない場合，葉の光合成速度は，植物の CO_2 吸収速度から見積もることができる。例えば，(a)熱帯や亜熱帯を原産地とする多くの植物は，低温にさらされると CO_2 の吸収速度が大きく低下することから，低温により葉の光合成速度が低下することがわかる。

植物が CO_2 を吸収すれば，それに伴って植物体の周囲の CO_2 濃度は低下し，同時に，光合成によって酸素（O_2）濃度は上昇する。そして，この変化は，地球の大気の CO_2 濃度や O_2 濃度にも反映される。次の図1は，ハワイのマウナロア山で測定された大気中の CO_2 濃度の季節変動のグラフである。(b)この CO_2 濃度の変動は，地球規模での光合成の季節変動を反映していると考えられる。植物の光合成では，CO_2 の吸収と O_2 の放出が起こるため，(c)O_2 濃度についても季節変動がみられる。

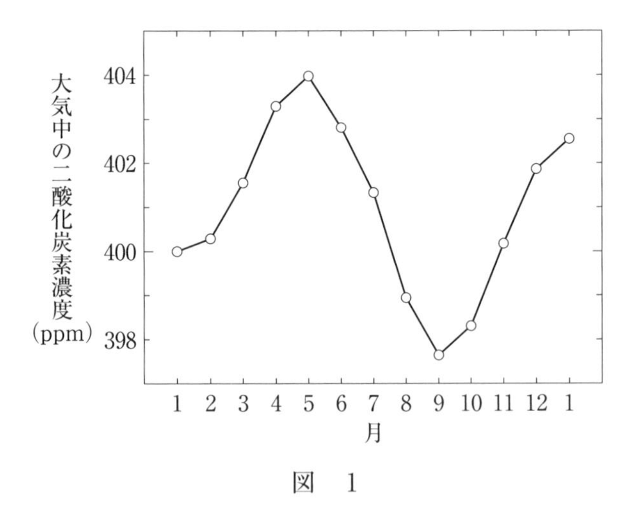

図　1

問1　下線部(a)に関連して，低温による CO_2 吸収速度の低下の原因が，気孔の閉鎖によるものなのか，それとも葉緑体の機能の低下によるものなのかを明らかにするためには，低温処理の前後で何を比較するのがよいか。最も適当なものを，次の①～⑤のうちから一つ選べ。 1

① 葉の面積
② 暗所においた葉の中の ATP の量
③ 光照射時の葉の周囲の CO_2 濃度
④ 光照射時の葉の周囲の O_2 濃度
⑤ 光照射時の葉の細胞の間の CO_2 濃度

問2　下線部(b)に関連して，大気中の CO_2 濃度が光合成による影響を最も大きく受けているのは，上の図1から考えるとどの時期か。最も適当なものを，次の①～ⓑのうちから一つ選べ。 2

① 1月から2月	② 2月から3月	③ 3月から4月
④ 4月から5月	⑤ 5月から6月	⑥ 6月から7月
⑦ 7月から8月	⑧ 8月から9月	⑨ 9月から10月
⓪ 10月から11月	ⓐ 11月から12月	ⓑ 12月から1月

問3　下線部(c)に関連して，もし地球上の光合成をする生物が，次の①～⑥の生物のいずれかだけになったと仮定した場合，大気中の O_2 濃度の季節変動が最も小

さくなるのは，どの生物の場合だと考えられるか。最も適当なものを，①～⑥のうちから一つ選べ。 3

① 被子植物
② 裸子植物
③ コケ植物
④ 緑藻類
⑤ シアノバクテリア
⑥ 緑色硫黄細菌などの光合成細菌

B　あるクラスで，探究活動のテーマとして，除草剤が植物を枯らすしくみを取り上げることになった。除草剤の一つであるXについて，有効成分の作用をインターネットで調べてみたら，グルタミン合成酵素を阻害するとあった。グルタミン合成酵素は，アンモニウムイオン（NH_4^+）とグルタミン酸からグルタミンをつくる反応を触媒する。できたグルタミンはケトグルタル酸との反応で，２分子のグルタミン酸となる。そして，グルタミン酸からのアミノ基の転移が，様々な有機窒素化合物の生成につながっていく。このため，グルタミン合成酵素が阻害されると，(d)有機窒素化合物ができなくなって欠乏するとともに，(e)NH_4^+が蓄積する。これらの情報を踏まえて，Xについてさらに探究を進めた。

問４　探究の手始めに，NH_4^+の濃度を簡単に測定できる市販の試薬キットを使って，植物をXで処理したときに実際にグルタミン合成の阻害が起きているかどうかを確かめてみることにした。計画した実験の手順は，次の(1)～(4)のとおりである。

(1)　同じ場所に生えている同じ種類の植物を６つの実験区に分けて，三つにはXの水溶液を，残り三つには水を噴霧する。

(2)　一定時間後に各実験区から全ての植物個体の地上部を回収する。

(3)　NH_4^+ がアンモニア（NH_3）になって揮発するのを防ぐために植物を希塩酸に浸し，すりつぶして抽出液を得る。

(4)　得られた抽出液の NH_4^+ 濃度を試薬キットを使って測定する。

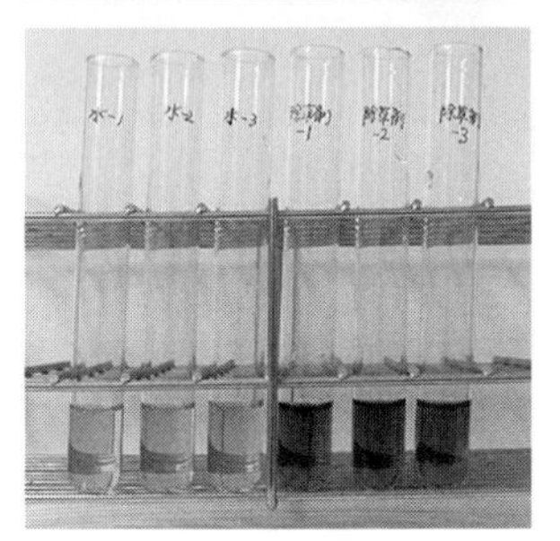

全実験区の結果を直接比較するためには，どのようにして抽出すればよいか。その方法として最も適当なものを，次の①～④のうちから一つ選べ。［ 4 ］

① 生のままの植物に，一定量の希塩酸を加える。
② 植物の重さを生のまま測って，重さに比例した量の希塩酸を加える。
③ 植物を乾燥させた後に，一定量の希塩酸を加える。
④ 植物を乾燥させてから重さを測って，重さに比例した量の希塩酸を加える。

問５　図書館で調べてみたら，NH_4^+から生じる NH_3 は植物にとって有害であることがわかった。このことから，下線部(d)と(e)のどちらも，Xで植物が枯れる原因となり得ると考えた。これらの可能性を念頭において，Xによる植物枯死の主な原因を調べるための実験についてクラスで議論をしたところ，５つの班から異なる実験の案が出た。

次のＡ班案～Ｅ班案のそれぞれについて，主な原因が下線部(d)と(e)のどちらであるかを判定するための根拠となる情報が得られる場合は①を，得られない場合は②をマークせよ。

A班案 [5]：十分に高い濃度のXの水溶液を噴霧し，同時にグルタミン酸を与えた場合と与えない場合とで，植物が枯れるまでの時間を比べる。

B班案 [6]：十分に高い濃度のXの水溶液を噴霧し，同時にグルタミンを与えた場合と与えない場合とで，植物が枯れるまでの時間を比べる。

C班案 [7]：十分に高い濃度のXの水溶液を噴霧し，同時にケトグルタル酸を与えた場合と与えない場合とで，植物が枯れるまでの時間を比べる。

D班案 [8]：土壌に窒素肥料を施した条件と施していない条件とで，いろいろな濃度のXの水溶液を噴霧し，植物を枯らすのに必要なXの濃度を比べる。

E班案 [9]：Xの水溶液を噴霧せずに，高濃度のNH_3水溶液を植物に与えて，NH_3の処理だけで枯れるかどうかを調べる。

第1章　生命現象と物質　解答解説

1　標準　《酵素の性質》

問1　[1]・[2]　正解は④・⑥（順不同）

酵素の一般的性質を問う知識問題である。

①誤文。タンパク質はアミノ酸が多数結合したものであり，酵素によって分解されるとアミノ酸同士の結合が切断される。その結果，2個以上のアミノ酸が結合したもの（ペプチド）が生じることもあれば，1個のアミノ酸が単独になったものが生じることもある。したがって，ペプチドもアミノ酸も生成されることがあるから誤り。

②誤文。ここは間違いやすいところである。例えばタンパク質分解酵素として知られているペプシンとトリプシンは，最適pHだけでなく，ペプチド鎖であるタンパク質を分解する部位にも違いがある。ペプシンは疎水性アミノ酸に隣接するペプチド結合を切断し，トリプシンはアルギニンとリジンのカルボキシ基側のペプチド結合を切断するので，同じアミノ酸配列をもったタンパク質を分解しても，酵素の種類が異なると生成されるペプチド鎖は異なったものになる。

③誤文。タンパク質を構成するアミノ酸同士の結合は脱水縮合と呼ばれ，一方のアミノ酸のアミノ基（$-NH_2$）ともう一方のアミノ酸のカルボキシ基（$-COOH$）から水が除かれて，ペプチド結合（$-NH-CO-$）が形成される。この結合は逆に水が加わることによって切断される。タンパク質分解酵素が加水分解酵素に分類されるのは，このような理由による。したがって，水が関与しないというのは誤り。

④**正文**。同じタンパク質に同じ酵素を作用させて，完全に分解すれば，タンパク質の切断部位が同じであるから，作られる生成物（ペプチド鎖）の種類は変わらない。**酵素の量を増やすことで変化するのは分解速度である。**

⑤誤文。塩酸などの無機的触媒に対して，常温の範囲では有機的触媒である酵素を用いた反応の方がはるかに能率がよい。これは酵素の特徴の一つである。

⑥**正文。反応の前後で，その性質が変化しないのは触媒の特徴である。**酵素は触媒の一種であるから，正しい。

問2　[3]・[4]　正解は①・③（順不同）

洗剤で用いられている酵素の特徴に関する知識問題である。

①**誤文**。酵素以外の成分によって洗剤が弱アルカリ性であるならば，酵素もその弱アルカリ性を最適pHとするようなものを用いる必要がある。

②正文。基質特異性とは，酵素は特定の基質にだけ作用するという性質である。しかし，実用的な洗剤としては，衣類に付着するいろいろな汚れを分解するために1種類の酵素がいろいろな基質に作用することが必要である。したがって，特異性は小さい（特異性が低い）方がよい。

③誤文。洗濯中の酵素反応は水溶液中での反応であり，酵素濃度が高い方が反応は起こりやすい。したがって，溶解度は高い方がよい。

④正文。酵素の化学的性質が変化すると，いわゆる酵素の変性と同じようなことが起こり，反応速度が低下する。

⑤正文。同じ洗濯槽（溶液）の中で反応するのであるから，最適 pH が近いことが望ましい。

⑥正文。反応当初は，時間とともに反応量（分解量）が増す。したがって，あらかじめ浸け置いた方が洗濯の効果が上がる。

問3 5 正解は⑥

温度と酵素の活性に関するグラフを読み取る問題である。

高温による酵素活性の低下は酵素の熱変性が原因であるが，50℃程度のあまり高い温度でない場合は，酵素の変性が進むまでに数分程度の時間がかかる。この数分間だけをとらえると，より温度が高い方が時間あたりの生成物の量（グラフの傾きにあたる）が多い。図1でいえば0～7分までの50℃の場合や，0～2分までの60℃の場合は，40℃の場合より傾きが大きく反応速度が大きいことを示している。しかし，これらの場合，グラフがやがて平坦になる（傾きが小さくなる）ことから，生成物の増加が止まったことがわかる。40℃や30℃のときには生成物の量が増え続けることから，生成物の増加が止まった理由は，基質の減少ではなく，酵素活性の低下が原因であるとわかる。よって，40℃の場合も少しは活性の低下が認められるが，活性が急速に低下し始める温度（a）としては50℃程度と考えてよい。また，通常の洗濯時間である15～20分程度では生成物の量が最も大きい40℃が汚れの最もよく落ちる温度（b）であると考えられる。

問4 6 正解は②

グラフから導き出せる情報について判定する読み取り・考察問題である。

①読み取れる。50℃以上でグラフが平坦になるので，熱により不活性化している。

②読み取れない。酵素量の値が示されていないため判断できない。

③読み取れる。温度変化により反応速度が変化するため，化学反応である。

④読み取れる。40℃程度のときが最も傾きが大きく，このあたりが最適温度であるとわかる。

  《メセルソンとスタールの実験，細胞分画法》

問1 　正解は⑤

メセルソンとスタールの実験に関する考察問題である。

DNA が複製されるときは，2本ある鎖のうち，1本は元の鎖で，もう1本は新たにつくられる鎖である（半保存的複製）。最初は ^{15}N のみのものから出発し，^{14}N を材料として新たにつくるので次のようになる。

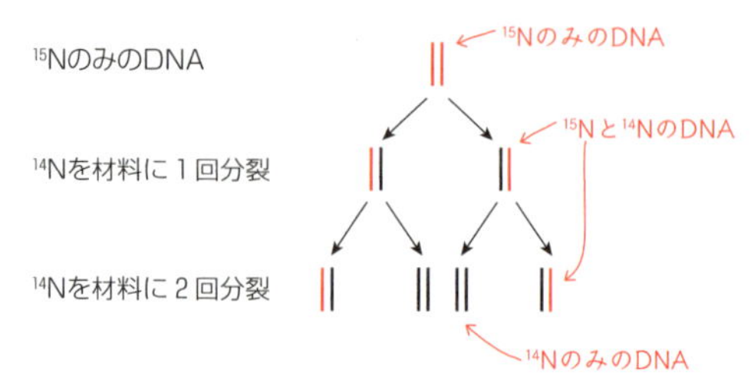

2回分裂させたものは，^{15}N と ^{14}N の両方をもつ DNA と ^{14}N のみの DNA の2種類がある。

問2　2 ・ 3　正解は①・⑦（順不同）

細胞分画法に関する考察問題である。

問題文に示された内容を図示すると以下のようになる。

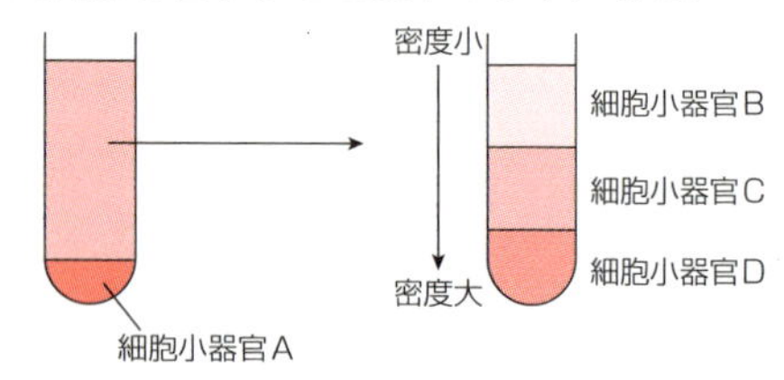

細胞小器官A：「ほとんど全ての遺伝情報を含む」のは核。

細胞小器官B：「タンパク質を分解する酵素が多く含まれる」のでリソソームのことであるが，そのことを知らなくても問題は解ける。

細胞小器官C：動物細胞で「ATP を合成する酵素が多く含まれる」のはミトコンドリア。

細胞小器官D：「カタラーゼが多く含まれる」のでペルオキシソームのことであるが，そのことを知らなくても問題は解ける。

①適当。細胞小器官Aは核であり，真核細胞の核内ではスプライシングが起こっている。

②不適。細胞小器官Bはリソソーム。酸化的リン酸化とは，電子伝達系内での

ATP 合成のこと。電子伝達系はミトコンドリアではたらいており，ミトコンドリアは細胞小器官Cである。

③**不適**。細胞小器官Cはミトコンドリア。ミトコンドリア内ではアルコール発酵は起こらない。また，動物細胞ではアルコール発酵は起こらない。

④**不適**。光エネルギーを利用した ATP の合成は葉緑体内で起こる。ラットは動物なので葉緑体はない。

⑤**不適**。クエン酸回路がはたらいているのはミトコンドリア。ミトコンドリアは細胞小器官Cであり，底から最も遠いのは細胞小器官B。

⑥**不適**。カルビン・ベンソン回路がはたらいているのは葉緑体。ラットは動物なので葉緑体はない。

⑦**適当**。底から一番近いのは細胞小器官D。ここにはカタラーゼが多く含まれると書かれている。カタラーゼは過酸化水素を酸素と水に分解する酵素である。

⑧**不適**。細胞内でアルコールが酸素と水に分解されることはない。アルコールは肝細胞で代謝されるが，ミトコンドリア内で呼吸に使われ，最終的には二酸化炭素と水になる。

3 標準 《遺伝子組換え技術》

問1 　1 　正解は③

酵素に関する知識問題である。

①・④不適。DNA 鎖をほどくはたらきをもつ酵素は DNA ヘリカーゼである。

②・⑤不適。DNA に相補的な 1 本鎖 RNA を合成するはたらきをもつ酵素は RNA 合成酵素（RNA ポリメラーゼ）である。

③適当・⑥不適。特定の塩基配列を識別して DNA 鎖を切断するはたらきをもつ酵素は制限酵素である。

なお，DNA リガーゼは，切れ目のある DNA の主鎖をつなげる酵素である。

問2 　2 　正解は②

遺伝子組換えに関する実験考察問題である。

大腸菌は，抗生物質を含む培地では増殖できない。しかし，特定の抗生物質に対する耐性遺伝子をもっている場合は，その抗生物質を含む培地でも増殖できる。

カナマイシン耐性遺伝子：この遺伝子をもっていれば，カナマイシンを含む培地で増殖できる。

アンピシリン耐性遺伝子：この遺伝子をもっていれば，アンピシリンを含む培地で増殖できる。

ア．寒天培地Aには抗生物質が含まれていないので増殖できる（＋）。

イ．寒天培地Bにはアンピシリンが含まれていて，プラスミドZにはアンピシリン耐性遺伝子があるので増殖できる（＋）。

ウ．寒天培地Cにはカナマイシンが含まれていて，プラスミドZにはカナマイシン耐性遺伝子がないので増殖できない（－）。

問3 　3 　正解は⑤

遺伝子組換えに関する実験考察問題である。

①・②不適。プラスミドXには緑色の蛍光を発する GFP 遺伝子がないので，増殖してもしなくても緑色の蛍光を発する大腸菌はいない。

③・④不適。リード文にあるとおり，全ての大腸菌にプラスミドが導入されるわけではない。寒天培地Aでは全ての大腸菌が増殖できるので，プラスミドYを取り込んでいて緑色の蛍光を発する大腸菌と，プラスミドYを取り込んでおらず緑色の蛍光を発しない大腸菌の両方が混在する。

⑤適当。寒天培地Cにはカナマイシンが含まれているので，プラスミドYを取り込んでいて緑色の蛍光を発する大腸菌は増殖できるが，プラスミドYを取り込んでおらず緑色の蛍光を発しない大腸菌は増殖することができない。

A  《遺伝子組換えとタンパク質の発現》

◆ねらい◆遺伝子組換えに関する技術について，生命現象とタンパク質やバイオテクノロジーに関わる理解と，複数の資料を活用・整理し，示された条件に沿って課題を解決する力が問われている。

問１　1　正解は⑤　（③，①のいずれかで部分正解）

遺伝子組換え実験について，遺伝子を扱った技術の原理に関する理解をもとに，制限酵素の認識配列などの資料から，特定の配列で切断されている線状のプラスミドDNAと結合できるDNA断片を特定する問題である。（正答率：⑤５点31%，部分正答率：③２点27.7%，①１点4.6%）

着眼点　DNAのヌクレオチドの配列には方向性があることをきちんと理解できており，正しい判断ができるかどうかが試されている。

まず，図１に関して考察する。

制限酵素Ｙと制限酵素Ｚによって同一の１本鎖断片が生じるので，これらの制限酵素で生じた断片を互いに連結させることが可能である。一方，制限酵素Ｘによって生じる１本鎖断片と同一の断片を生じさせる制限酵素は存在しない。DNAのヌクレオチドの配列には方向性があるので，たとえば，**制限酵素Ｘで切断したものと制限酵素Ｙで切断したものは連結できない**。下図のように１本鎖部分の塩基配列同士は相補的に見えるが，連結できない（5′↔3′に注目）ことを理解しよう。

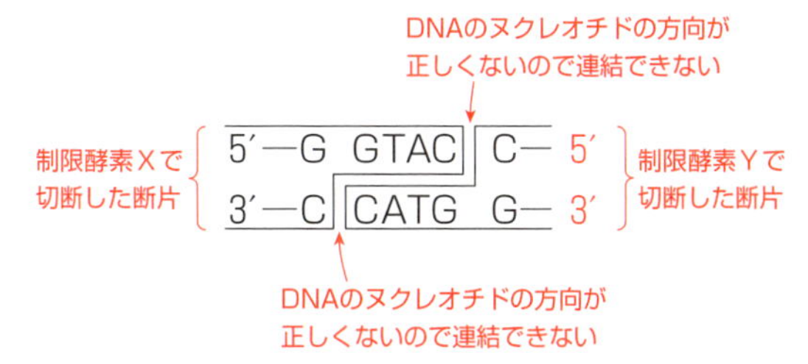

したがって，プラスミドの切断面とうまく連結できるのは断片ａと断片ｃである。

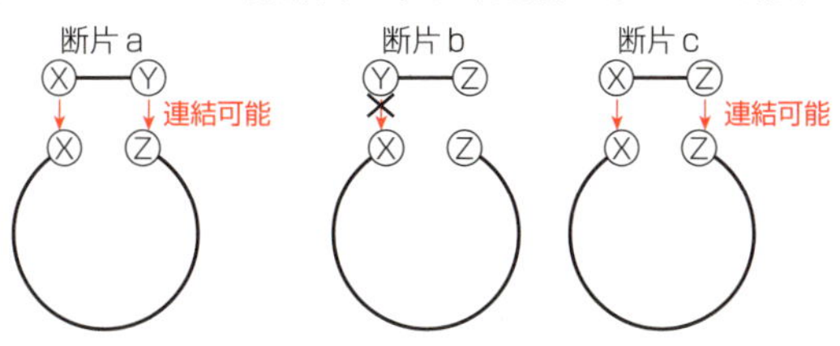

よって，⑤が正解となる。

問2　2　正解は①

融合タンパク質を題材として，遺伝子の発現調節に関わる領域の配列順序を特定する問題である。（正答率 40.3%）

着眼点　転写調節領域，プロモーター，翻訳開始点とは，それぞれどのようなはたらきをする部位なのか，正確に判断することが必要である。

まず，DNA の遺伝子の最も上流には転写調節領域がある。**転写調節領域とは，調節タンパク質が結合する領域**であり，調節タンパク質の結合により遺伝子の転写が促進，または抑制される。したがって，図中の**ア**は転写調節領域である。転写調節領域よりも下流にあり，**RNA ポリメラーゼが結合して転写が始まる部分はプロモーター**である。したがって，図中の**イ**はプロモーターである。また，図中の**ウ**は**転写された mRNA に含まれる領域であり，リボソームが結合して翻訳を開始する部分**であると考えられる。

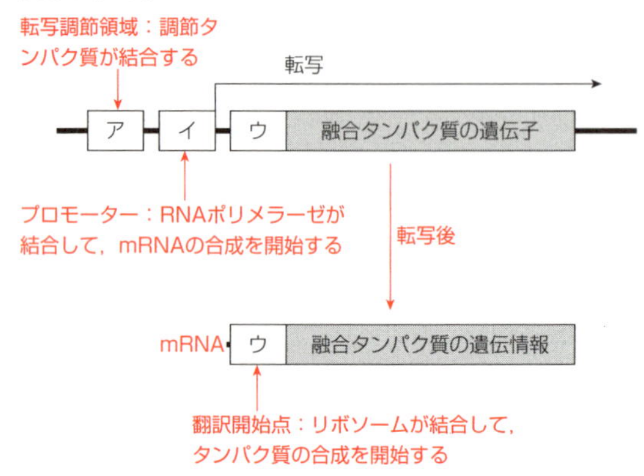

したがって，正解は①である。

問3　3　正解は⑧

チューブリンが細胞内で担っているはたらきに関する理解をもとに，マウスの様々な細胞の蛍光顕微鏡像から，チューブリンと GFP の融合タンパク質の局在の適合を特定する問題である。（正答率 15.8%）

着眼点　チューブリンは微小管を形成するタンパク質であることをきちんと理解し，微小管はどの細胞でどのようなはたらきをするのか，正確に把握する。

チューブリンと GFP の融合タンパク質からの蛍光はチューブリン（微小管）と同じ局在を示していたとあるので，蛍光部位に微小管が存在する。

それぞれの図において，みられる細胞骨格などの名称を整理すると，次図のようになる。

d　分裂中の精原細胞

収縮環：アクチンフィラメントからなる

e　小腸の上皮細胞

核の位置や形を決める細胞骨格は中間径フィラメントからなる

f　分裂中の肝細胞

紡錘糸＝微小管：チューブリンからなる

g　精子

鞭毛内には微小管がある：チューブリンからなる

h　神経細胞

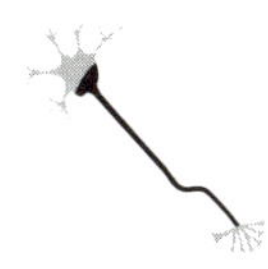

軸索内では微小管が小胞などの輸送路としてはたらいている：チューブリンからなる

したがって，図 f，g，h の細胞がチューブリンを含む細胞であり，チューブリンの蛍光顕微鏡像として正しい。よって，正解は⑧である。

B　標準　《酵素の活性，遺伝子頻度》

◆ねらい◆ヒトのアルコール耐性を題材として，生命現象と物質や進化のしくみに関わる理解と，数量に着目して定量的に分析・解釈する力，情報を整理・統合するとともに構造化しながら課題を解決する力が問われている。

問4　[4]　正解は⑤

細胞小器官について，そのはたらきや特徴に関する理解をもとに，細胞外に分泌されるタンパク質を翻訳するリボソームが存在する場所を特定する問題である。（正答率 56.0%）

着眼点　細胞外に分泌されるタンパク質は，小胞体の表面に存在するリボソームによって合成されることに注目する。

①**不適**。核の内部で合成されるものは mRNA などである。核内ではタンパク質の合成は起こらない。

②**不適**。細胞膜の表面にはリボソームは存在しておらず，タンパク質の合成は起こらない。

③**不適**。ゴルジ体ではすでに合成されたタンパク質に糖鎖をつけるなどのタンパク質の修飾が起こるが，ゴルジ体にはリボソームは存在せず，タンパク質の合成は起こらない。

④**不適**。「小胞」とは分泌小胞などをイメージすればよいだろう。小胞内部には物質（タンパク質など）が蓄えられているが，リボソームは存在せず，タンパク質は合成されない。

⑤**適当**。細胞外に分泌されてはたらくタンパク質は，小胞体の表面に存在するリボソームによって合成され，小胞体内に入る。小胞体からこのタンパク質を取り込んだ小胞が生じて，ゴルジ体に輸送され，ゴルジ体から分泌小胞が生じる。この

分泌小胞が細胞膜と融合すると，タンパク質が細胞外に分泌されることになる（下図参照）。

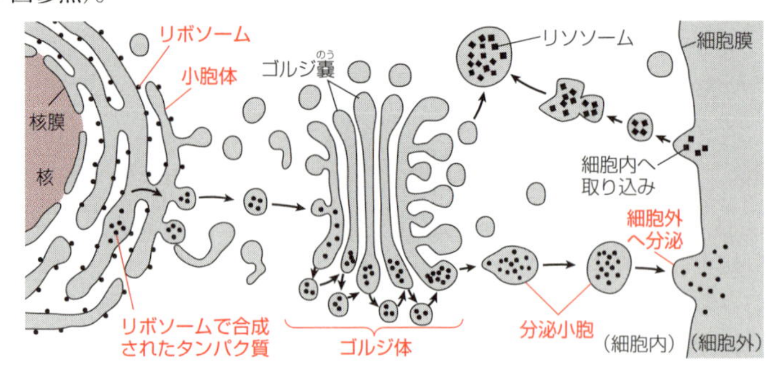

問5　**5**　正解は②

正常ポリペプチドが2本集合して初めてはたらく酵素について，変異ポリペプチドの占める割合が変化したときに予想される酵素活性の変化のグラフを，数的処理を行って特定する問題である。（正答率 30.7％）

着眼点　問題文の記述を正確に読み取ることが重要である。

問題文中に「2本の正常ポリペプチドが集合して初めてはたらく」とあるので，2本の正常ポリペプチドからなる酵素のみが酵素活性をもつことがわかる。さらに，変異ポリペプチドは正常ポリペプチドと「集合はできるが複合体の活性に寄与しない」とあるので，変異ポリペプチドを含む酵素も生じるが，これらには酵素活性がないと判断できる。

変異ポリペプチドの割合が50％のときについて考えてみると，以下のようなポリペプチドの組み合わせが生じ，その比率は，1：2：1となる。

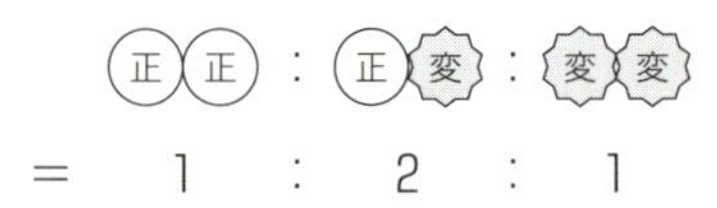

＝　1　：　2　：　1

よって，生じる酵素のうち活性をもつのは，正常ポリペプチドのみからなるものだけであり，その割合は$\frac{1}{4}$，すなわち25％である。よって，変異ポリペプチドの割合が50％のとき，25％の活性を示している曲線②が正解となる。

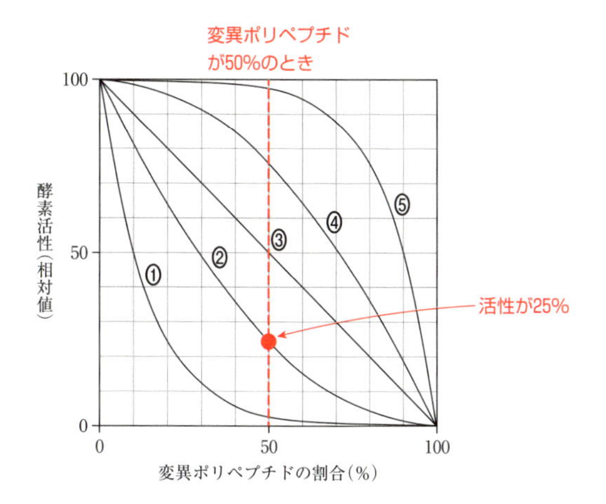

問6　[6]・[7]　正解は①・⑤（順不同）

四量体タンパク質の活性のしくみに関する理解において，どのような条件設定をした場合に誤った解釈が導かれるのかについて，その条件を推論する問題である。（正答率：両方正解4点14.3%，部分正答率：いずれか一方のみ正解2点54.3%）

着眼点　正常ポリペプチドと変異ポリペプチドの存在割合をもとに，全体の酵素活性との関係を判断していく。

正常ポリペプチドと変異ポリペプチドの組み合わせを記した表1と照らし合わせて考えるとわかりやすい。

①適当。複合体の酵素活性が，複合体中の正常ポリペプチドの本数に比例するのであれば，細胞内に存在する正常ポリペプチドと変異ポリペプチドの比率がそのまま活性の比として現れてくるはずであり，活性が半分になるという計算結果とつじつまが合う。

変異ポリペプチドの本数	0	1	2	3	4
存在比	$\frac{1}{16}$	$\frac{4}{16}$	$\frac{6}{16}$	$\frac{4}{16}$	$\frac{1}{16}$
酵素活性（相対値）	100	48 →75	12 →50	5 →25	4 →0
複合体の例	正 正 正 正	正 正 正 変	変 正 正 変	変 変 正 変	変 変 変 変

これで全体の酵素活性を計算すると，$\frac{1}{16}\times100+\frac{4}{16}\times75+\frac{6}{16}\times50+\frac{4}{16}\times25+\frac{1}{16}\times0=50$ となる。

②不適。複合体の酵素活性が，複合体中の変異ポリペプチドの本数に反比例する場合は，酵素活性の相対値の数値をどのように設定すればよいのか判断しづらい。単に，①での「比例」に対応した選択肢であると判断できるので，適当ではない。

③不適。正常ポリペプチドが1本でも入った複合体の酵素活性が100になるのであれば，すべての複合体のうち，$\frac{15}{16}$が100の酵素活性を示すこととなり，この場合，全体の酵素活性を計算すると，$\frac{1}{16}\times100+\frac{4}{16}\times100+\frac{6}{16}\times100+\frac{4}{16}\times100+\frac{1}{16}\times0=93.75$となる。

④不適。変異ポリペプチドが1本でも入った複合体の酵素活性が0になるのであれば，すべての複合体のうち，$\frac{15}{16}$が0の酵素活性を示すこととなり，この場合，全体の酵素活性を計算すると，$\frac{1}{16}\times100+\frac{4}{16}\times0+\frac{6}{16}\times0+\frac{4}{16}\times0+\frac{1}{16}\times0=6.25$となる。

⑤適当。変異ポリペプチドは複合体の構成要素とならないのであれば，酵素活性は正常ポリペプチドの本数に比例することになる。この場合の全体の酵素活性は50となる。

  《遺伝情報の発現》

◆ねらい◆遺伝子発現の実験に関する知識をもとに，ホタルの発光を触媒する酵素を題材として，表やグラフを活用して，値を適切に数的処理することで，情報を分析して解釈する力が問われている。

問1 [1] 正解は③

大腸菌が合成するルシフェラーゼの検出について，実験の結果をより明確にするために行う追加の手法として適当でないものを特定する問題である。(正答率 45.6%)

着眼点 目的は，大腸菌が合成したルシフェラーゼの検出であることに注目しよう。

①**適当**。大きいコロニーを用いると多くの大腸菌が合成したルシフェラーゼを得ることができ，合成されたルシフェラーゼの検出をより明確にすることができる。

②**適当**。ルシフェラーゼはルシフェリンを分解する酵素なので，反応時に濃度の高いルシフェリン溶液を使用すると，合成されたルシフェラーゼの検出をより明確にすることができる。

③**不適**。この実験の目的は大腸菌が合成したルシフェラーゼの検出なので，ホタル由来のルシフェラーゼを加えると，大腸菌が合成したルシフェラーゼによる反応なのか，ホタル由来のルシフェラーゼによる反応なのか区別できなくなる。

④**適当**。ルシフェラーゼは ATP 存在下でルシフェリンを分解する酵素である。したがって，反応時に ATP 溶液を加えると，合成されたルシフェラーゼの検出をより明確にすることができる。

⑤**適当**。ルシフェラーゼがルシフェリンを分解する際に発光が起こる。したがって，反応を確認する際には部屋を暗くする方が発光を確認しやすい。

問2 [2] 正解は⑥

260 nm の波長の光を利用した DNA 溶液の濃度推定について，表の数値をもとにグラフを作成し，グラフを活用してプラスミド DNA の総量を求める問題である。(正答率 12.8%)

着眼点 計算や単位換算など，数的処理が正確にできるかどうかが試されている。

表をもとにグラフを作成してみると，次図のようになる。

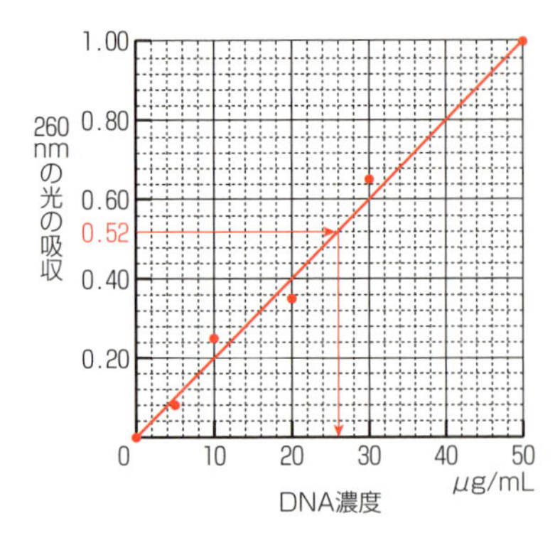

260 nm の光の吸収（吸光度）のデータより作成したグラフから，吸光度が 0.52 のときの DNA の濃度はおよそ 26μg/mL と読み取ることができる。この値は 100 倍に希釈した溶液の濃度の値なので，希釈前の濃度は，2600μg/mL ＝2600μg/1000μL である。もともとプラスミド DNA を溶かした水は 100μL なので，その中に存在する DNA 量は 260μg ということになる。よって，⑥ 250μg が最も適当な値である。

A  《物質循環と光合成》

◆ねらい◆葉のつくり，生態系と物質循環，光合成についての理解をもとに，光合成が与える影響を題材として，多様な視点から情報を整理・統合するとともに，グラフを分析・解釈した結果を組み合わせることにより考察する力が問われている。

問１　1　正解は⑤

気孔の開閉や葉緑体のはたらきに関わる基礎的な知識をもとに，低温時の CO_2 吸収速度の低下について，その原因を特定するために新たに比較するべき条件を決定する問題である。（正答率 20.8%）

着眼点　区別したいのは，CO_2 吸収速度の低下が「気孔の閉鎖」によるものなのか，「葉緑体の機能の低下」によるものなのかである。何を区別したいのかを正確にとらえることができるかということが試されている。

①不適。低温処理の前後で葉の面積の比較をしても，低温による CO_2 吸収速度の低下が「気孔の閉鎖」によるものなのか「葉緑体の機能の低下」によるものなのか区別できない。

②不適。低温処理の前後で，暗所での葉中の ATP 量を比較しても，低温による

CO_2 吸収速度の低下の原因はわからない。

③・④不適。気孔が閉鎖した場合でも葉緑体の機能が低下した場合でも，葉の周囲の CO_2 は吸収（消費）されなくなり，O_2 は排出されなくなる。よって，③・④では，低温処理による CO_2 吸収速度の低下が「気孔の閉鎖」によるものなのか「葉緑体の機能の低下」によるものなのか区別できない。

⑤適当。低温処理の前後で，気孔が閉鎖した場合は，葉緑体による光合成が起こり，葉の細胞の間の CO_2 濃度は低下するはずである。一方，葉緑体の機能が低下した場合は，葉の細胞間の CO_2 濃度と O_2 濃度は変化しないはずである。

区別したい対象が，「気孔の閉鎖」または「葉緑体の機能の低下」なので，その区別が明確になる選択肢を選ぶ。

問2　2　正解は⑦

CO_2 濃度の変動と光合成の季節変動について，大気中の月別の CO_2 濃度を示したグラフを分析し，光合成による大気中 CO_2 濃度への影響が最も大きい時期を特定する問題である。（正答率 58.5%）

着眼点　光合成が盛んであれば大気中の CO_2 濃度は大きく低下するはずということが理解できているかが試されている。

大気中 CO_2 濃度が，光合成による影響を最も大きく受けるということは，CO_2 濃度の変化量が最も大きいということであるから，そのような箇所を探せばよい。図1からその時期は⑦ 7月から8月であることがわかる。

問3　3　正解は⑥

O_2 濃度の季節変動について，地球上の光合成をする生物がある1つの種だけになったと仮定して，O_2 濃度の変動の幅が最も小さくなると考えられる生物を特定する問題である。（正答率 35.3%）

着眼点　光合成細菌は光合成によって O_2 を生じないということが，知識として定着できているかが試されている。

被子植物，裸子植物，コケ植物，緑藻類，シアノバクテリアは，いずれも O_2 を発生させる光合成を行う。これらの生物が存在した場合は，条件のよい季節の夏に光合成により大気中の O_2 濃度が上昇する。一方，冬には光合成があまり起こらないが，さまざまな生物の呼吸は一定量あるので，O_2 濃度が低下すると考えられる。つまり，大気中の O_2 濃度の季節変動が大きくなるはずである。これより，①～⑤は不適。

緑色硫黄細菌などの光合成細菌は，光合成によって CO_2 と H_2S からグルコースと H_2O（水）と S（硫黄）を生じ，O_2 発生が起こらない。よって，大気中の O_2 濃度の季節変動は小さいはずである。⑥が最も適当である。

B　やや難　《農薬と窒素同化の過程》

◆ねらい◆植物の窒素同化の過程に関する理解をもとに，「農薬」がはたらくしくみを題材として，科学的に理解し，情報を統合しながら課題を解決する力が問われている。

問4　[4]　正解は②

除草剤が植物を枯らすしくみについて，物質を抽出する実験方法として，複数の試料を適切に比較するために行うべき処理を確定する問題である。（正答率 29.8％）

着眼点　実験の手順(3)の内容をきちんと確認しているか，また，直接比較するには試料濃度を一定にする必要があることが理解できているかが試されている。

①不適。植物の量と希塩酸の量の関係が一定とはならず，NH_4^+ 量を適切に比較するには好ましくない。

②適当。植物の重さに比例した量の希塩酸を加えているので，植物体に含まれている NH_4^+ 量を試料間で直接比較することが可能となる。

③・④不適。植物体を乾燥させているので，NH_4^+ が NH_3 となって揮発して失われている可能性が高くなり，実験手順として好ましくない。

問5　[5]　正解は①　　[6]　正解は①　　[7]　正解は②

[8]　正解は①　　[9]　正解は②

（[5]・[6]・[7]は全部を正しくマークした場合のみ正解，[8]・[9]は両方を正しくマークした場合のみ正解）

除草剤が植物を枯らすしくみに関わる議論を通して，探究活動を振り返り，植物を枯死させると考えられる2つの原因について特定するための実験内容の有用性を判断する問題である。（正答率[5]・[6]・[7] 11.4％，[8]・[9] 22.3％）

着眼点　窒素同化のしくみやその過程を理解できているかが試されている。

リード文に窒素同化の流れが記されており，除草剤Xはグルタミン合成酵素を阻害することも示されているので，これを図にして考えると，比較検討が行いやすい。

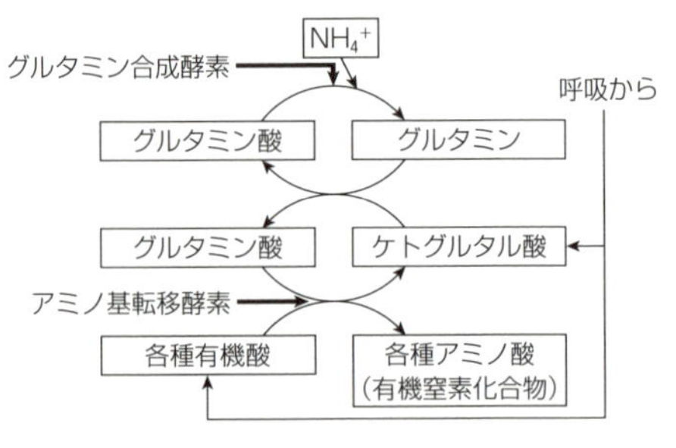

A班案 5 除草剤X＋グルタミン酸

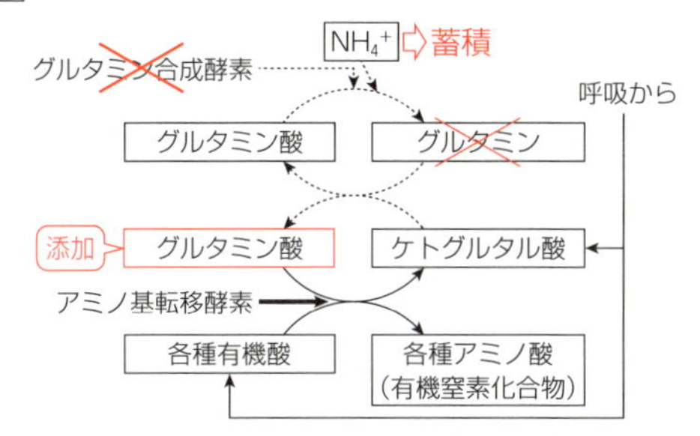

グルタミン酸を添加した場合，**有機窒素化合物の合成ができる**が，細胞内には**NH_4^+ が蓄積**する。よって，下線部(d)・(e)のどちらであるかの判定に有用である。

B班案 6 除草剤X＋グルタミン

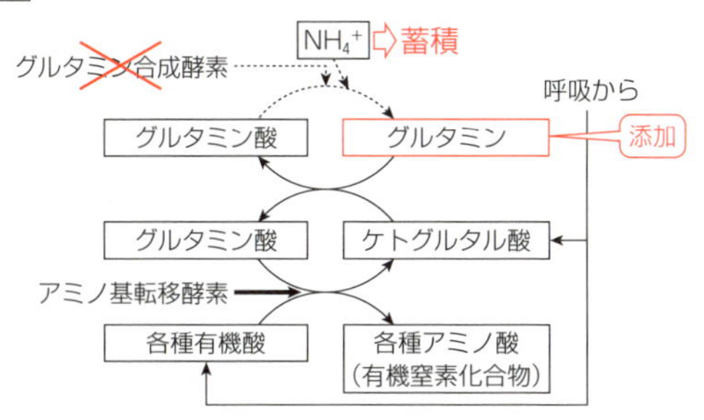

グルタミンを添加した場合，**有機窒素化合物の合成ができる**が，細胞内には**NH_4^+ が蓄積**する。よって，下線部(d)・(e)のどちらであるかの判定に有用である。

C班案 7 除草剤X＋ケトグルタル酸

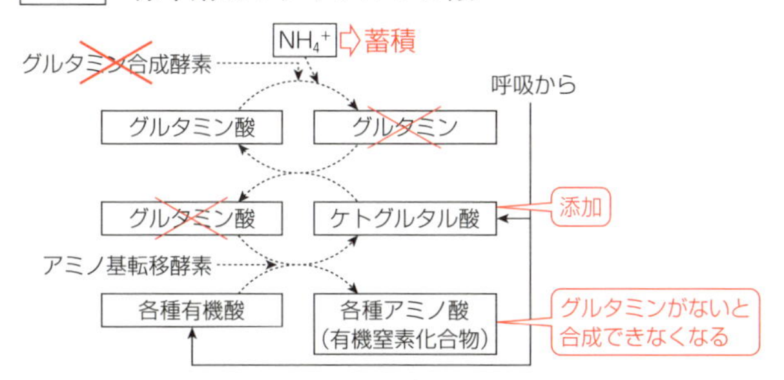

ケトグルタル酸を添加したとしても，**グルタミンがないので，有機窒素化合物の合成ができない**。また，細胞内には**NH_4^+ が蓄積**する。よって，下線部(d)・(e)のどちらが原因で枯れるのかの判定はできない。

D班案 8 いろいろな濃度の除草剤X＋窒素肥料

窒素肥料を施した植物には窒素が多く供給されるので NH_4^+ が蓄積する。枯死の原因が NH_4^+ が蓄積することであれば，窒素肥料を施した植物は施していない植物より，低濃度の除草剤Xで枯死するはずである。よって，下線部(d)・(e)のどちらであるかの判定に有用である。

E班案　9　NH_3を与える

除草剤Xによる植物体の枯死の原因を調べるための実験である。したがって，除草剤Xを加えない実験では下線部(d)・(e)のどちらが原因で枯れるのかの判定はできない。

第 2 章　生殖と発生　指針

分野の特徴

センター試験では第 2 問で出題されることが多かったが，2021 年度共通テストでは第 5 問や第 6 問で出題されていた。動物の初期発生と被子植物の生殖についての出題が多いが，遺伝情報との関連性が強く，本分野も実験問題が出題されやすいと思われる。知識を確実なものにし，さらにその知識を使えるようにしておきたい。

● 有性生殖

2020 年度センター本試験では減数分裂についての問題，2019 年度本試験では性染色体による遺伝の問題，2018 年度本試験では被子植物の重複受精（植物の発生）についての問題が出題された。今後も，遺伝子と染色体の組合せを問う問題や，動物の発生および植物の発生と関連づけた，配偶子形成や受精に関する問題の出題が考えられる。組換え価の計算をはじめとする計算問題への対応にも注意したい。

● 動物の発生

2021 年度共通テスト第 1 日程では誘導の連鎖と細胞分化についての問題，第 2 日程では節足動物の発生にかかわる遺伝子のはたらきについての実験考察問題，2020 年度センター本試験では母性因子と細胞分化についての実験考察問題が出題された。ショウジョウバエの発生過程の詳細や，ホメオティック遺伝子のはたらきを例にした遺伝子と発生のしくみについてはかなり詳細な内容が問われると考えておいたほうがよい。細胞の分化については，発展的な内容を含み，幹細胞（ES 細胞や iPS 細胞）を題材とした問題が二次・個別試験ではよく出題されている。

● 植物の発生

植物の生殖のしくみに関する知識が重要となる。2021 年度共通テスト第 1 日程では植物の形態形成に関する実験考察問題や根の光合成に関する実験を考察する問題が出題され，2020 年度センター本試験では花の形成における ABC モデルに関する考察問題が出題された。知識を前提として，より工夫された出題が予想される。重複受精のしくみ，器官形成と遺伝子の関係，ABC モデルなどについて，しっかりと理解しておこう。

第2章　生殖と発生　演習問題

7　第1回プレテスト　第2問

次の文章（A・B）を読み，下の問い（問1～6）に答えよ。
〔解答番号 1 ～ 7 〕

A　生体における機能が未知の遺伝子のはたらきを知るために，(a)遺伝子改変によりその遺伝子の機能を欠損させたマウス（ノックアウトマウス）を作製し，野生型（正常）のマウスと比較して表現型の違いを調べることがある。

受精研究における遺伝子機能解析の実例を見てみよう。哺乳類であるマウスでは，交尾によって雌の体内に送り込まれた精子が卵管まで進入し，卵巣から放出された卵と受精する。(b)受精前の成熟したマウス卵は，次の図1のようになっている。受精が成立するためには，精子は卵丘細胞層および透明帯を通過し，卵細胞膜に結合する必要がある。卵細胞膜に結合後，精子は卵細胞内へ進入して精核を形成し，卵核と融合することで受精が完了する。

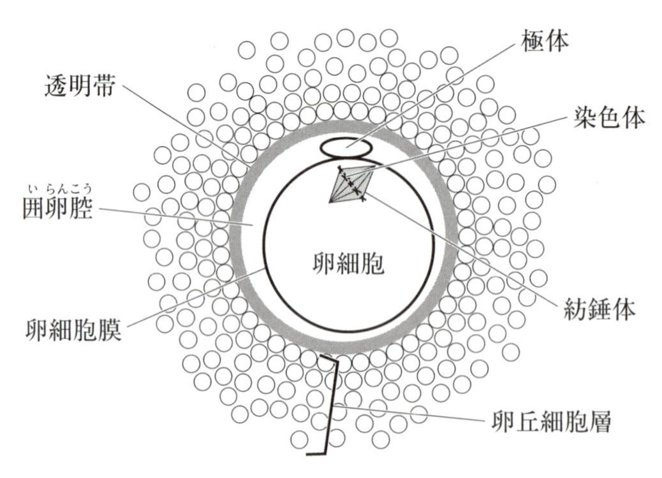

図1　成熟したマウス卵の模式図

マウスの配偶子ではたらき，受精の成立に関与すると考えられるタンパク質として，タンパク質Xとタンパク質Yが見つかった。これらのタンパク質のはたらきを調べるために，それぞれのタンパク質をコードする遺伝子Xまたは遺伝子Yの機能を欠損させたノックアウトマウスを作製し，次の**実験1**・**実験2**を行った。なお，遺伝子Xの機能を欠損した変異遺伝子をx，遺伝子Yの機能を欠損した変異遺伝子をyとする。

実験1 様々な遺伝子型のマウスを交配したところ，次の表1のように，子が生まれた組合せと生まれなかった組合せとがあった。どの遺伝子型のマウスも正常に卵および精子を形成しており，配偶子の形態や精子の運動性は正常であった。

表 1

		雌マウス		
		XXYY	xxYY	XXyy
雄マウス	XXYY	生まれた	生まれなかった	生まれた
	xxYY	生まれた	生まれなかった	生まれた
	XXyy	生まれなかった	生まれなかった	生まれなかった

実験2 表1のマウスについて，精子と卵を取り出し，培養液内で卵に精子を加え（体外授精），卵を観察した。その結果，子が生まれた組合せでは，次の図2のように正常に卵核および精核が形成された。一方，子が生まれなかった組合せでは，いずれの場合も次の図3のように，精子は囲卵腔に進入しているものの，卵細胞膜との結合が見られなかった。

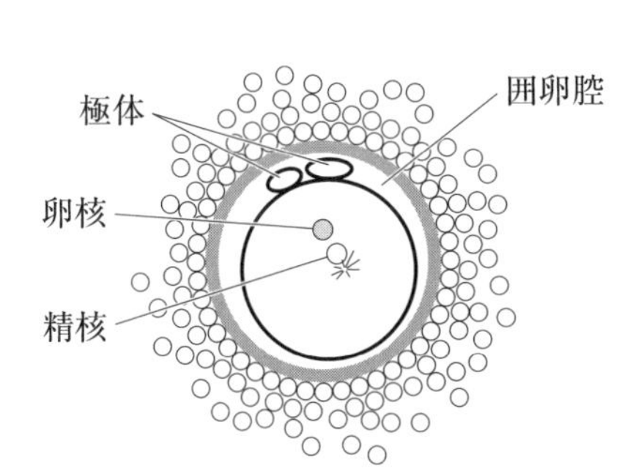

図2 子が生まれた組合せで体外授精した卵

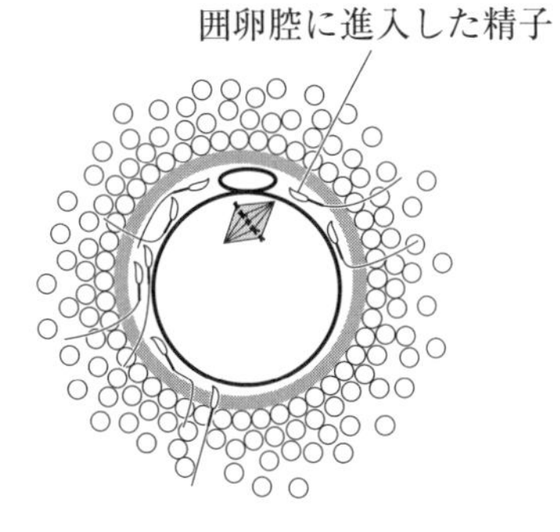

図3 子が生まれなかった組合せで体外授精した卵

問1　下線部(a)に関して，機能するタンパク質をつくらないように遺伝子の塩基配列に変異を入れる方法として**適当でないもの**を，次の①～⑤のうちから一つ選べ。[1]

① 開始コドンの直前に終止コドンの3塩基を挿入する。
② 開始コドンの3塩基を欠失させる。
③ 開始コドンの直後に1塩基を挿入する。
④ イントロンとエキソンの両方にまたがるように6塩基を欠失させる。
⑤ タンパク質をコードしているエキソンの塩基配列を全て欠失させる。

問2　下線部(b)の卵では，減数分裂がどの時期まで進行していると考えられるか。図1を参考にして，最も適当なものを，次の①～⑨のうちから一つ選べ。[2]

① 第一分裂前期
② 第一分裂中期
③ 第一分裂後期
④ 第一分裂終期
⑤ 第二分裂前期
⑥ 第二分裂中期
⑦ 第二分裂後期
⑧ 第二分裂終期
⑨ 減数分裂は完了している。

問3　**実験1**・**実験2**の結果より，遺伝子Xと遺伝子Yは，それぞれどこでどのようなはたらきをすると考えられるか。最も適当なものを，次の①～⑧のうちからそれぞれ一つずつ選べ。遺伝子X[3]・遺伝子Y[4]

① 精子ではたらき，精子の卵丘細胞層および透明帯の通過に必要である。
② 精子ではたらき，精子と卵細胞膜との結合に必要である。
③ 精子ではたらき，精子の卵細胞への進入を阻害する。
④ 精子ではたらき，精核の形成を阻害する。
⑤ 卵ではたらき，精子の卵丘細胞層および透明帯の通過に必要である。
⑥ 卵ではたらき，精子と卵細胞膜との結合に必要である。
⑦ 卵ではたらき，精子の卵細胞への進入を阻害する。
⑧ 卵ではたらき，精核と卵核の融合を阻害する。

B 「被子植物の花では，A，BおよびCの三つのクラスの遺伝子のはたらきで，がく，花弁，おしべ，めしべの4つの花器官が，それぞれ領域1，2，3，4に形成される」という花器官形成のABCモデルを習ったカズさんとハナさんは，身近にある植物の花を観察することにした。

カズ：授業で習ったABCモデルは本当に全ての植物に当てはまるのか疑問なんだ。
ハナ：どういうことかな。
カズ：ほら，例えば，そもそもチューリップ（図4左）には，がくがないようなんだ。さらに，花弁が3枚セットで二重になっているように見えるんだ。
ハナ：本当だね。でも，チューリップでは［ア］と考えれば，ABCモデルで説明できないかな。
カズ：そうか，チューリップの花器官の構成はそれで説明できるね。
ところで，スイレンの花（図4右）を分解してみたら，がくと花弁の中間的な花器官や花弁とおしべの中間的な花器官が見られるんだ。これはどう考えたらいいかな。
ハナ：遺伝子のはたらきをちゃんと調べてみないと断定できないけど，スイレンの場合は［イ］と考えられないかしら。
カズ：なるほどね。僕もそれに賛成だよ。あれ，スイレンの花を分解している間に，チューリップの花が閉じてきた。しおれちゃったのかな。
ハナ：まだ元気そうだし，しおれたわけじゃないと思うけど。(c)光や重力で茎が曲がるときと同じようなしくみで，花弁が曲がって花が閉じたんじゃないかな。
カズ：そうかなあ，(d)気孔の開閉と同じようなしくみで，花が開いたり閉じたりしているのかもしれないよ。

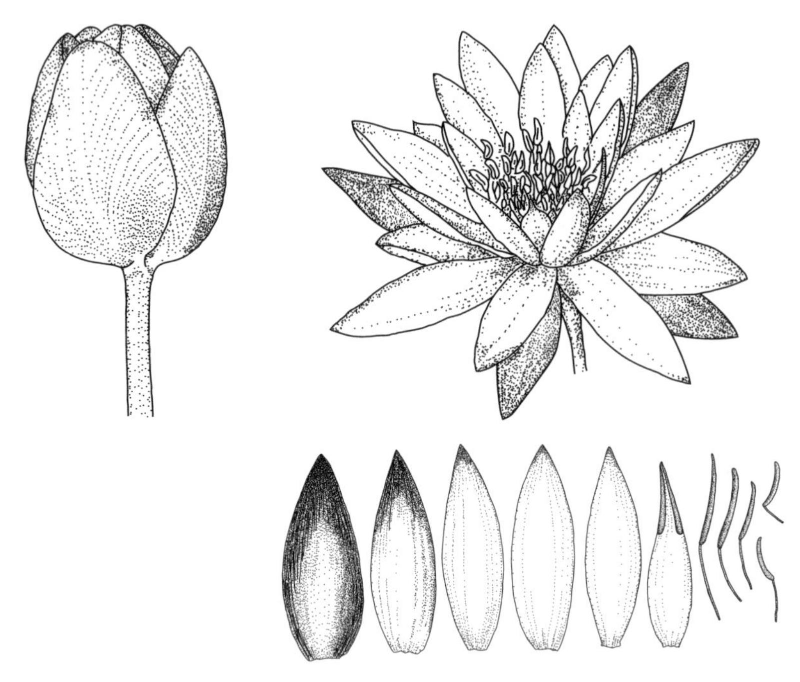

図 4　チューリップ(左)とスイレン(右)の花。スイレンの下のスケッチは，花を分解してめしべ以外の花器官を外側から内側に並べたものである。

問 4　A，BおよびCの各クラスの遺伝子のはたらきから考えて，会話文中の [ア] に入る文として最も適当なものを，次の①～⑥のうちから一つ選べ。 [5]

① A遺伝子が，領域 3 でもはたらいている
② A遺伝子が，領域 4 でもはたらいている
③ B遺伝子が，領域 1 でもはたらいている
④ B遺伝子が，領域 4 でもはたらいている
⑤ C遺伝子が，領域 1 でもはたらいている
⑥ C遺伝子が，領域 2 でもはたらいている

問5　A，BおよびCの各クラスの遺伝子のはたらきから考えて，会話文中の［イ］に入る文として最も適当なものを，次の①～⑤のうちから一つ選べ。［6］

① A遺伝子が，領域1ではたらかなくなっている
② A遺伝子が，領域2ではたらかなくなっている
③ B遺伝子が，領域2ではたらかなくなっている
④ B遺伝子が，領域3ではたらかなくなっている
⑤ 領域の境界が，あいまいになっている

問6　チューリップの花の開閉は，温度の影響で起こることが知られている。チューリップの花弁の内側と外側から同じ長さの表皮片を剥ぎ取って水に浮かべ，温度を変えて各表皮片の長さを測定したところ，次の図5に示す結果が得られた。このグラフには，チューリップの花の開閉が下線部(c)と(d)のどちらのしくみによるかを考えるために必要な情報が含まれている。グラフのどのような特徴に注目することで，どちらのしくみであると判断できるか。しくみと注目点の組合せとして最も適当なものを，下の①～⑥のうちから一つ選べ。［7］

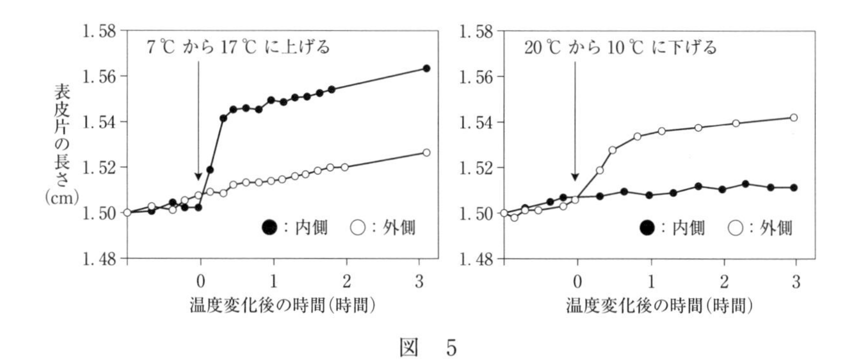

図　5

<table>
<tr><th></th><th>しくみ</th><th>注目点</th></tr>
<tr><td>①</td><td>(c)</td><td rowspan="2">内側と外側の表皮片を比べると，
温度上昇後は「内側の長さ＞外側の長さ」，
低下後は「内側の長さ＜外側の長さ」と，
温度条件によって長さの大小が逆になっていること</td></tr>
<tr><td>②</td><td>(d)</td></tr>
<tr><td>③</td><td>(c)</td><td rowspan="2">温度変化の影響が一時的で，温度を変えてしばらくすると内側と外側の表皮片の長さの差が一定となっていること</td></tr>
<tr><td>④</td><td>(d)</td></tr>
<tr><td>⑤</td><td>(c)</td><td rowspan="2">変化しているのが表皮片の伸び具合であって，どの温度条件のどの表皮片も縮んではいないこと</td></tr>
<tr><td>⑥</td><td>(d)</td></tr>
</table>

8 第2回プレテスト 第2問 A

次の文章を読み，下の問い（問1～4）に答えよ。
〔解答番号 1 ～ 5 〕

生物には，異なる種との交雑を妨げる様々なしくみがある。例えば，被子植物においては，ある種の花粉が別の種の柱頭に付いても，花粉管が胚珠へと誘引されないことがある。(a)異種間での交雑を妨げるしくみを探るために，トレニア属の種A，B，Cとアゼナ属の種Dを使って，次の**実験1～3**を行った。なお，トレニア属とアゼナ属は近縁で，どちらもアゼナ科に含まれる。

実験1 種A～Dとアゼナ科の別の属の種Eについて，特定の遺伝子の塩基配列の情報を用いて分子系統樹を作成したところ，次の図1の結果が得られた。

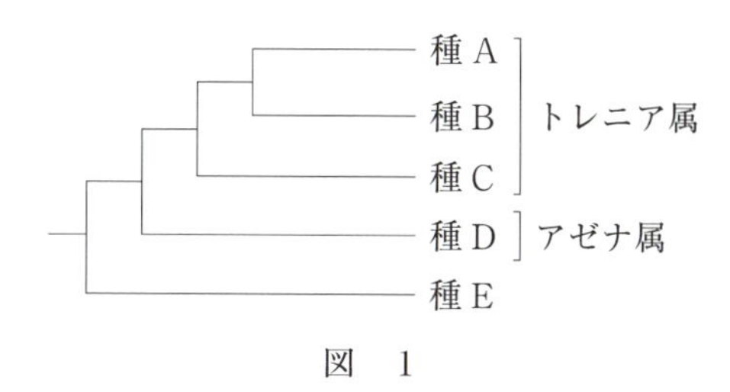

図 1

実験2 種A～Dについて，発芽した花粉が付いた柱頭を切り取って培地上に置き，助細胞を除去した胚珠または除去していない胚珠のいずれかとともに，次の図2のように培養した。その後，伸長した花粉管のうち，胚珠に到達した花粉管の割合を調べたところ，次の図3の結果が得られた。

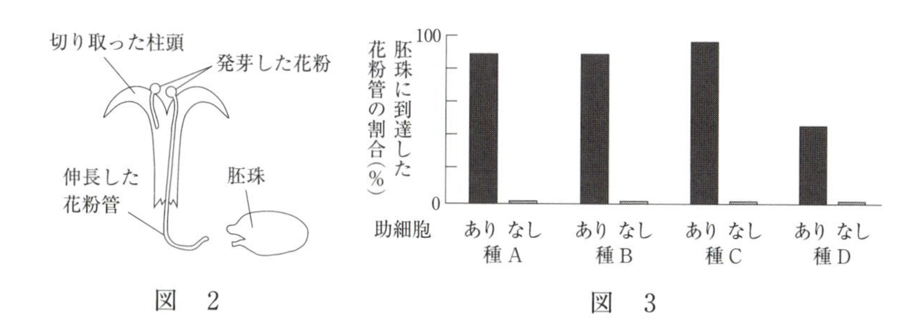

図 2　　図 3

実験3　種AまたはDの花粉を，同種または別種の柱頭に付けて発芽させた。発芽した花粉管を含む柱頭を切り取って培地上に置き，同種または別種の胚珠とともに，図2のように培養した。その後，伸長した花粉管のうち，胚珠に到達した花粉管の割合を調べたところ，次の図4の結果が得られた。

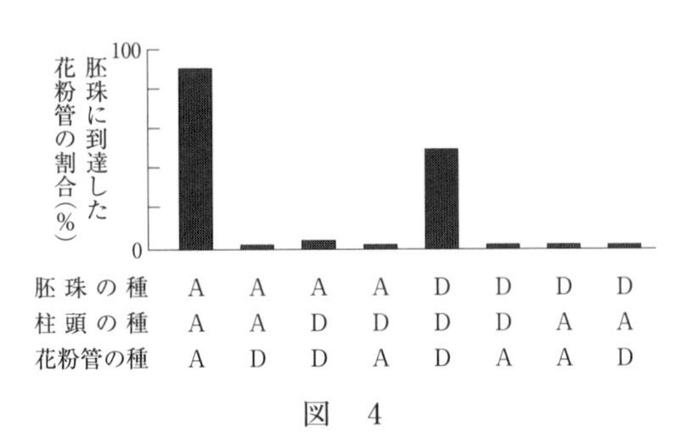

図　4

問 1　助細胞が花粉管を誘引する性質について，**実験1・2**の結果から導かれる考察として最も適当なものを，次の①～⑥のうちから一つ選べ。　1

① トレニア属だけにみられる。

② トレニア属の種A，B，Cとアゼナ属の種Dに共通してみられる。

③ 種子植物全体に共通してみられる。

④ 維管束植物全体に共通してみられる。

⑤ トレニア属とアゼナ属の共通の祖先が，種Eの祖先と分岐した後に，獲得した。

⑥ トレニア属の種A，B，Cでは，アゼナ属に近縁であるほど，誘引する能力が低い。

問 2　**実験 3** の結果から導かれる，種 A と D の間にはたらく異種間での交雑を妨げるしくみに関する考察として最も適当なものを，次の①～⑤のうちから一つ選べ。［ 2 ］

① 種 A の柱頭で種 D の花粉を発芽させた場合と，種 D の柱頭で種 A の花粉を発芽させた場合とでは，異なるしくみがはたらく。

② 種 A に比べて，種 D では他種の花粉を拒絶するしくみが発達している。

③ 胚珠と花粉管の相互作用は関与するが，柱頭と花粉管の相互作用は関与しない。

④ 柱頭と花粉管の相互作用は関与するが，胚珠と花粉管の相互作用は関与しない。

⑤ 胚珠と花粉管の相互作用，および柱頭と花粉管の相互作用の両方が関与する。

問 3　下線部(a)に関連して，トレニア属の種 F・G が同じ場所に生育し，いずれも種子で繁殖しているとする。この場所で，これらの 2 種間の雑種個体が全く見られない場合に，そのしくみを調べる研究計画として**適当でないもの**を，次の①～⑦のうちから二つ選べ。ただし，解答の順序は問わない。

［ 3 ］・［ 4 ］

① 種 F・G のそれぞれについて，染色体数を顕微鏡下で調べる。

② 種 F・G のそれぞれについて，開花時期を調べる。

③ 種 F・G のそれぞれについて，おしべとめしべの本数を調べる。

④ 種 F・G のそれぞれについて，花粉を運ぶ動物の種類を調べる。

⑤ 種 F・G のそれぞれについて，1 個体が形成する種子の数を調べる。

⑥ 種 F・G をかけ合わせて，種子の形成率を調べる。

⑦ 種 F・G をかけ合わせて種子が形成された場合，種子の発芽率を調べる。

問 4　次の図5は，トレニア属の種Aと植物H～Kの系統樹である。また，下の図6は，植物I～Kの写真である。系統樹中の**ア**～**ウ**に入る植物の組合せとして最も適当なものを，下の①～⑥のうちから一つ選べ。 **5**

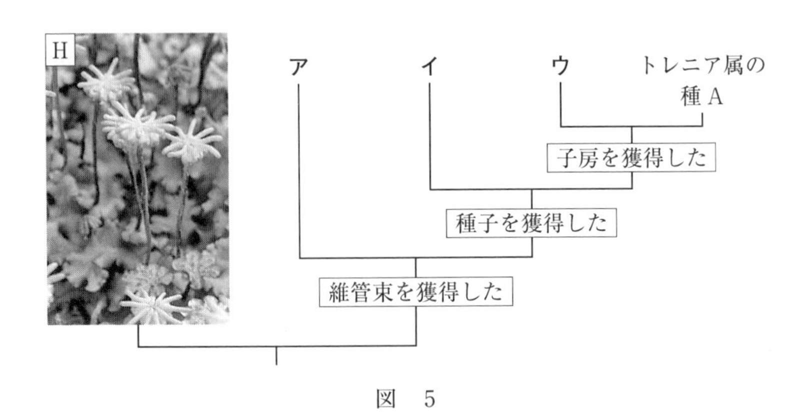

図　5

図　6

	ア	イ	ウ
①	I	J	K
②	I	K	J
③	J	I	K
④	J	K	I
⑤	K	I	J
⑥	K	J	I

9　センター試験 2013 年度追試　生物 I

発生のしくみに関する次の文章を読み，下の問い（問1）に答えよ。
〔解答番号 1 ～ 2 〕

ニワトリでは，後肢（あし）を除く体表のほぼ全体に羽毛が，後肢の半ばより先にはうろこが生じている。羽毛もうろこも，ともに皮膚が変化したものである。羽毛の原基は，卵が温められはじめてから6.5日目の胚（以後，6.5日胚という）の背側の皮膚に生じはじめ，13日胚では，体表のほぼ全体が羽毛の原基で覆われる。うろこの原基は，11日胚の後肢の一部の皮膚に生じはじめ，12日胚では，後肢の半ばより先の全体がうろこの原基で覆われる。皮膚は表皮と真皮からできている。羽毛の原基からは羽毛が，うろこの原基からはうろこが生じるが，発生のある段階以前の皮膚を材料に，表皮と真皮の組合せを変えることで，実験的に原基の発生運命を変更することが可能である。皮膚の分化の過程で，表皮と真皮の間にはたらく作用に関して，次の**実験**を行った。

実験　7日胚，10日胚，12日胚，および15日胚から背の皮膚と後肢（半ばより先）の皮膚を切り出し，それぞれの皮膚から表皮と真皮を分離した。これらの表皮と真皮を様々に組み合わせて結合したものを数日間培養した後，その表皮側の表面に何が生じたかを調べた。その結果をまとめたものが，次の表1・表2である。

表　1

		背の表皮		
		7日胚	10日胚	12日胚
後肢の真皮	10日胚	羽　毛	羽　毛	羽　毛
	12日胚	うろこ	羽　毛	羽　毛

表　2

		後肢の表皮		
		10日胚	12日胚	15日胚
背の真皮	7日胚	羽　毛	羽　毛	うろこ
	10日胚	羽毛とうろこ	うろこ	うろこ

問1　**実験**の結果から得られる考察として適当なものを，次の①～⑦のうちから二つ選べ。ただし，解答の順序は問わない。 1 ・ 2

① 7日胚の背の表皮には，真皮からの誘導に応答して分化する能力がない。
② 7日胚の背の真皮には，表皮にうろこを誘導する能力がある。
③ 10日胚の背の表皮の発生運命は，羽毛に分化するように決定されていて，変更できない。
④ 12日胚の後肢の真皮には，表皮にうろこを誘導する能力がない。
⑤ 12日胚の後肢の表皮の発生運命は，うろこに分化するように決定されていて，変更できない。
⑥ 背の真皮が表皮に羽毛を誘導する能力は，10日胚では完全に消失している。
⑦ 後肢の真皮が表皮にうろこを誘導する能力は，10日胚から12日胚になるまでの間に獲得される。

10 第2回プレテスト　第3問

次の文章を読み，下の問い（問１～４）に答えよ。
〔解答番号 1 ～ 4 〕

(a)昆虫の発生過程では，体節が形成された後，ホメオティック（ホックス）遺伝子群からつくられる調節タンパク質のはたらきによって，各体節は(b)胚の前後軸に沿った特有の形態を形成していく。このとき，次の図１のように，(c)胸部の３番目の体節（第３体節）で発現するホメオティック（ホックス）遺伝子Ｘのはたらきを失ったショウジョウバエの変異体では，翅(はね)をつくらない第３体節が，翅をつくる第２体節と同様の形態になる。その結果，ハエであるのに，あたかも(d)チョウのように２対の翅をもつ個体になる。

図　1

問 1　下線部(a)について，昆虫が属する節足動物門の動物に共通する形質として最も適当なものを，次の①～⑤のうちから一つ選べ。 1

① 独立栄養である。
② 原口が肛門になる。
③ 外骨格をもつ。
④ 脊索をもつ。
⑤ 3対の肢(付属肢)をもつ。

問 2　下線部(b)に関連して，ショウジョウバエの前後軸の形成には，様々な遺伝子の発現を調節するタンパク質の濃度勾配が関わっている。例えば，卵の前端に蓄えられた調節タンパク質Yの mRNA は，受精後に翻訳される。合成された調節タンパク質Yは，しばらくすると後方に向かって下がる濃度勾配をつくる。このとき，調節タンパク質Yの濃度勾配による前後軸の形成に不可欠な卵や胚の性質として最も適当なものを，次の①～⑤のうちから一つ選べ。
2

① 卵黄が中央に集まっている。
② 卵割が卵の表面だけで起こる。
③ 受精後しばらくの間は細胞質分裂が起こらない。
④ 前後に細長い形をしている。
⑤ 別の調節タンパク質の mRNA が後端に偏って蓄えられている。

問 3　下線部(c)から考えられる，ショウジョウバエの遺伝子Xの胸部でのはたらきに関する合理的な推論として最も適当なものを，次の①～④のうちから一つ選べ。 3

① 発現している体節の一つ前方の体節にはたらきかけて，発現している体節と同じものになることを，促進している。

② 発現している体節の一つ前方の体節にはたらきかけて，発現している体節と同じものになることを，抑制している。

③ 発現している体節ではたらいて，一つ前方の体節と同じものになることを，促進している。

④ 発現している体節ではたらいて，一つ前方の体節と同じものになることを，抑制している。

問 4　下線部(d)に関連して，チョウが2対の翅をもっている理由を説明する次の仮説ⓐ～ⓒのうち，ショウジョウバエでの遺伝子Xのはたらき方とは矛盾しない仮説はどれか。それらを過不足なく含むものを，下の①～⑦のうちから一つ選べ。 4

ⓐ チョウには遺伝子Xがない。

ⓑ チョウの遺伝子Xは，胸部の第3体節では発現しない。

ⓒ チョウの遺伝子Xは胸部の第3体節で発現するが，遺伝子Xからつくられる調節タンパク質が調節する遺伝子群の種類が，ショウジョウバエの場合と異なっている。

① ⓐ　② ⓑ　③ ⓒ　④ ⓐ，ⓑ
⑤ ⓐ，ⓒ　⑥ ⓑ，ⓒ　⑦ ⓐ，ⓑ，ⓒ

11　芝浦工業大学（全学統一日程）2014年度

ES細胞とiPS細胞に関する次の文章を読んで，以下の問い（問1～5）に答えよ。
〔解答番号 1 ～ 5 〕

(a)細胞は一度分化してしまうと，その後分裂もしなければ，他の細胞に分化することもほとんどない。分化した細胞はそれぞれ特定の遺伝子を発現しており，合成するタンパク質も分化した細胞ごとで異なってくる。哺乳類の場合，ごくわずかの細胞が（能力は限定されている可能性はあるが）幹細胞として体に散在している。幹細胞は，自身の運命はまだ決定されていない細胞であり，全能性または多能性があるものや，ある特定の細胞群，例えば造血幹細胞のように血球にしか分化し得ないものが存在する。

ところが，最近の生命科学における技術開発により，人工的に多能性をもつ幹細胞，つまり，ES細胞やiPS細胞とよばれる幹細胞がつくりだされ，これが研究の対象となってきた。iPS細胞の開発に関しては京都大学の山中伸弥教授がその業績によって2012年にノーベル賞が授与された。これらの幹細胞については，基礎研究はもちろん重要であると同時に，応用研究も積極的に進められている。まずES細胞やiPS細胞を分化誘導する際に(b)通常細胞培養に添加する物質（ウシ血清や増殖因子）をあえて除いた培養液で培養すると，神経細胞への分化が起こることが発見された。そこでこの方法を用いて3日間細胞を培養すると，(c)神経前駆細胞と未分化の細胞が混在する細胞群が得られた。これによって神経細胞に分化したときだけ発現する遺伝子を単離することができた。そしてその中でも特に強く発現している1つの遺伝子を選ぶことができた。

次に上の遺伝子が細胞内で本当に必要であるかを確認するために遺伝子の転写産物（mRNA）を特異的に破壊する操作を施すと，(d)内胚葉，中胚葉，外胚葉（表皮）は正常に誘導されたが神経前駆細胞への誘導は起こらなかった。また，(e)この操作を施した細胞をマウスの着床前胚である胚盤胞に注入して培養した結果，脳の神経細胞への分化は起こらなかった。しかし，この遺伝子産物のタンパク質は，別の遺伝子の発現を促す作用があった。

問1　下線部(a)について，細胞が分化すると，不要になった遺伝子はどうなると考えられているのか。最も適当なものを，次の①～④から一つ選べ。 1

① 染色体上から除去される。
② 染色体上から切り出されて，プラスミドとして保存される。
③ 化学修飾を受けて染色体上にそのまま保持される。
④ 不要になっても，翻訳を伴わない転写を繰り返して，情報として維持し続ける。

問2　下線部(b)について，この現象の説明として最も適当なものを，次の①～④から一つ選べ。 2

① 増殖因子がない場合に神経細胞が分化することから，神経細胞への分化は普段は抑制されている現象であると考えられる。
② 神経細胞への分化には通常添加する物質が不要なことから，神経細胞への分化にはある特定の誘導物質が必要だと考えられる。
③ ウシ血清や増殖因子は，神経細胞への分化を促進している。
④ ウシ血清や増殖因子は，中胚葉誘導を促進させる物質である。

問3　下線部(c)について，形態的にはまだ区別できないこれらの細胞の中から神経細胞を特定するには，どのような実験を行えばよいか。最も適当なものを，次の①～④から一つ選べ。 3

① 未分化細胞に特異的に発現している遺伝子を検出すればよい。
② 未分化細胞に発現していない遺伝子を検出すればよい。
③ 神経細胞に特異的に発現している遺伝子を検出すればよい。
④ 神経細胞に発現していない遺伝子を検出すればよい。

問4　下線部(d)について，この実験結果からどのようなことが結論できるのか。最も適当なものを，次の①～④から一つ選べ。 4

① この遺伝子はすべての細胞で発現している。
② この遺伝子は神経前駆細胞に分化するために必要な遺伝子である。
③ この遺伝子は神経前駆細胞に分化するためには必要のない遺伝子である。
④ この遺伝子は神経前駆細胞に分化後に発現する遺伝子である。

問5　正常なES細胞を胚盤胞に注入し，その胚を着床させ発生させると，注入したES細胞はすべての組織に取り込まれて，それぞれの組織の細胞に分化できる。このことを考慮して，下線部(e)についての実験結果からどのようなことが結論できるのか。最も適当なものを，次の①～④から一つ選べ。 5

① この遺伝子は神経細胞以外の細胞に分化するために必要である。
② この遺伝子は，神経細胞への分化を抑制する遺伝子である。
③ 試験管の中だけの現象であり，胚の生育環境では，神経細胞に分化するために必要な遺伝子はこの遺伝子のほかに存在する。
④ 試験管の中だけの現象ではなく，胚の生育環境でも，神経細胞に分化するためにはこの遺伝子は必要である。

第2章　生殖と発生　解答解説

7

A　やや難　《遺伝情報と減数分裂》

◆ねらい◆遺伝情報に関するバイオテクノロジーや減数分裂についての理解をもとに，マウスを題材として，初見の資料から必要なデータや条件を抽出・収集し，情報を統合しながら課題を解決する力が問われている。

問1　[1]　正解は①

遺伝子発現に関する概念的知識をもとに，機能するタンパク質を合成できなくなるような遺伝子の塩基配列の変異を起こす方法として適当でないものを特定する問題である。（正答率 38.2％）

着眼点　基礎的知識を「単なる知識」ではなく，「課題解決の力」として使えるかということが試されている。このような設問で正答率を上げるための訓練が必要である。

①不適。開始コドンや終止コドンはリボソームにおける**タンパク質合成**のそれぞれ始まりと終わりを決定するコドンである。したがって，開始コドンの直前に終止コドンを挿入しても，**開始コドン以降は正常に翻訳が起こり正常に機能するタンパク質が合成される**ことになる。

②**適当**。開始コドンの3塩基を欠失させると，転写されたmRNAからの翻訳が開始されなくなり，機能するタンパク質は合成されない。

③**適当**。開始コドンの直後に1塩基を挿入すると，それ以降の読み枠が1つずつずれていくことになり，正常なタンパク質とはアミノ酸配列が全く異なったアミノ酸配列となってしまう。そのため，機能するタンパク質は合成されない。

④**適当**。DNAからRNAが転写されたのち，イントロンはスプライシングによって取り除かれる。イントロンの両端にはスプライシングの目印となる塩基配列があると推察されるが，イントロンとエキソンの両方にまたがるように6塩基を欠失させると，その目印が失われてしまうことになる。そのため，正常にスプライシングができなくなり，機能するタンパク質が合成されない。

⑤**適当**。タンパク質をコードしているエキソンの塩基配列をすべて欠失させると，もちろん機能するタンパク質は合成されない。

問2 [2] 正解は⑥

減数分裂に関する基本的知識をもとに，図に示された卵細胞の減数分裂の時期を特定する問題である。(正答率 23.6%)

着眼点 減数分裂の各期の過程という基礎的知識を「単なる知識」ではなく，「課題解決の力」として使えるかということが試されている。正答率が低いところから，基礎的知識を課題解決の力として使う訓練が必要であることが，浮き彫りになった。

①・②・③・④不適。図1には極体が1つだけ観察される（下図左）。しかし，図2で子が生まれた組合せで体外授精した卵を見ると，極体が2つ観察される（下図右）。このことから，図1は減数分裂の全過程が終了しておらず，極体が1つ存在しているので，1回だけ分裂が起こっていると判断できる。つまり，減数分裂の第一分裂は完了しており，**「卵細胞」と記された大きな細胞は，正確には二次卵母細胞**である。

⑤・⑦・⑧・⑨不適。**⑥適当**。図1の「卵細胞」内において紡錘体の赤道面に染色体が並んでいるので，減数分裂第二分裂中期の状態であるとわかる。「卵細胞」と記されているからといって，減数分裂は必ずしも完了していないことが多いことを知っておこう。その判断の際には，図と知識とをきちんと対応させる必要がある。**哺乳類では，減数分裂第二分裂中期で止まった状態の細胞が「卵細胞」として排卵される**。これは知識として知っておいてもよい内容である。

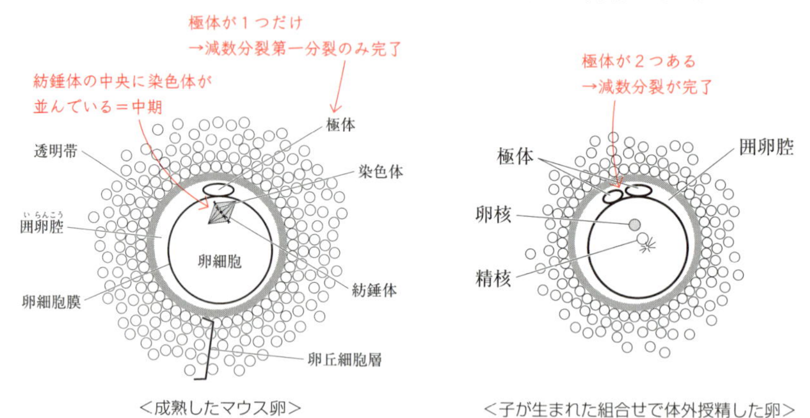

＜成熟したマウス卵＞　＜子が生まれた組合せで体外授精した卵＞

問3 [3] 正解は⑥ [4] 正解は②

（[3]・[4]は両方を正しくマークした場合のみ正解）

実験の結果に示された情報をもとに，受精に関わる遺伝子のはたらきを特定する問題である。(正答率 27.1%)

着眼点 実験1で得られた結果や，実験2に記された情報と図2，図3の比較から何がわかるのかを総合的に判断する力が試されている。

リード文にある「それぞれ遺伝子Xと遺伝子Yの産物であるタンパク質Xとタンパク質Yは，マウスの配偶子（卵と精子のこと）ではたらき，受精の成立に関与する」という趣旨の記述をきちんと確認した上でデータを見ていく。

実験2の文章および図3に，「子が生まれなかった組合せでは……精子は囲卵腔に進入しているものの，卵細胞膜との結合が見られなかった」と記されている（図3はその様子）。

また，表1の結果から，遺伝子Xは卵細胞ではたらき，遺伝子Yは精子ではたらくことがわかる。

遺伝子Xがはたらかない卵から，子は生じない

遺伝子Yがはたらかない精子から，子は生じない

		雌マウス		
		XXYY	xxYY	XXyy
雄マウス	XXYY	生まれた	生まれなかった	生まれた
	xxYY	生まれた	生まれなかった	生まれた
	XXyy	生まれなかった	生まれなかった	生まれなかった

したがって，遺伝子Xは卵ではたらき，精子と卵細胞膜との結合に必要であるという，選択肢⑥が正解となる。また，遺伝子Yは精子ではたらき，精子と卵細胞膜との結合に必要であるという，選択肢②が正解となる。文章で与えられた情報を正確に使えるようにしたい。

B　標準　《ABCモデルと花器官の関係》

◆ねらい◆植物の器官の分化についての理解をもとに，チューリップやスイレンを題材として，情報を整理・統合する力が問われている。また，植物が環境変化に反応するしくみについての理解をもとに，花弁の成長について，データを分析し，生命現象について考察する力が問われている。

問4　5　正解は③

チューリップのA・B・C遺伝子のはたらきについて，会話文中に示された情報をもとに，ABCモデルに関わる基礎知識との整合性について判断する問題である。（正答率49.7%）

着眼点　実際の花のつくりとABCモデルを対応させることができるかが試されている。

通常の植物ではA，B，Cの3つのクラスの遺伝子のはたらきは，次図左のようになっている。

①不適。チューリップでは「がく」が存在せず，花弁が2重になっているような構造をとっている。「がく」は領域1に生じる構造であるが，①の文は，領域1に関する内容となっていない（A遺伝子が領域3ではたらくとおしべができず，そ

の部位に花弁が生じる。チューリップはがくができない状態なので，この記述は誤りである)。

②不適。領域1に関する内容となっていない。

③適当。チューリップではA遺伝子とB遺伝子が領域1ではたらくことになるので，領域1ががくとならず花弁になる（下図右）と考えるとうまく説明できる。

④不適。領域1に関する内容となっていない。

⑤不適。C遺伝子が領域1ではたらくとその部分にめしべが生じる。チューリップの構造とは異なる。

⑥不適。領域1に関する内容となっていない。

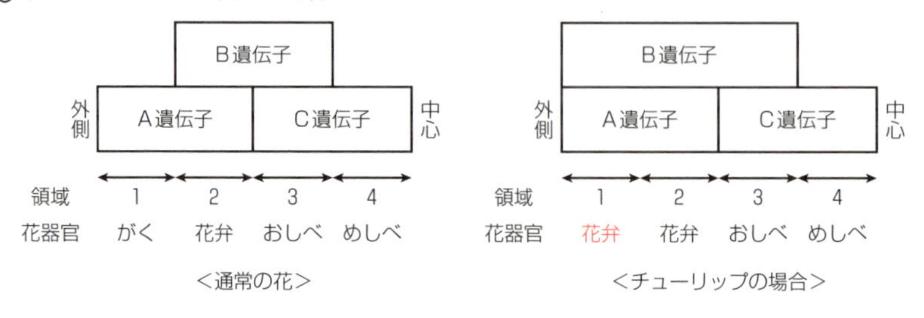

問5　**6**　正解は⑤

スイレンのA・B・C遺伝子のはたらきについて，会話文中に示された情報をもとに，ABCモデルに関わる基礎知識との整合性について判断する問題である。(正答率51.5%)

着眼点　問4と同様，この設問も実際の花のつくりとABCモデルを対応させることができるかということが試されている。

①不適。A遺伝子とC遺伝子は互いに拮抗的にはたらいており，A遺伝子のはたらきが失われると，その領域ではC遺伝子がはたらくようになる。したがって，領域1でA遺伝子がはたらかなくなるとC遺伝子がはたらき，領域1にめしべが生じる。このように特定の遺伝子がはたらかなくなる（またははたらくようになる）ことで，本来の器官とは全く異なる器官が生じるような変異をホメオティック突然変異という。ABCモデルの3つの遺伝子はホメオティック遺伝子であることも確認しておこう。

②不適。領域2でA遺伝子がはたらかなくなるとC遺伝子がはたらき，領域2ではB遺伝子とC遺伝子のはたらきでおしべが生じる。

③不適。領域2でB遺伝子がはたらかなくなると，A遺伝子のみがはたらいて，がくが生じる。

④不適。領域3でB遺伝子がはたらかなくなると，C遺伝子のみがはたらいて，めしべが生じる。

⑤適当。通常の花の構造と異なり，スイレンではがくと花弁の中間的な花器官や花弁とおしべの中間的な花器官が見られる。このことから，スイレンの場合はA，B，Cの3つのクラスの遺伝子のはたらく部位の境界が，あいまいになっていると考えるとうまく説明できる。

問6 7 正解は⑤

チューリップの花弁の内側・外側の温度傾性で見られる成長の違いについて，温度変化前後の表皮片の長さを示したグラフから得た情報をもとに，下線部(c)・(d)に注目して，しくみを特定する問題である。（正答率6.8%）

着眼点 下線部(c)・(d)の意味を正確にとらえることができるかが試されている。正答率が非常に低いのは，下線部の意味とグラフの対応のさせ方が難しかったためと思われる。

下線部(c)のしくみとは，「光や重力で茎が曲がるときと同じようなしくみ」なので，屈曲に関わる内容である。屈曲は刺激を受けた側と受けていない側の「成長速度の違い」によって起こる。つまり，**下線部(c)のしくみ＝「成長速度の違い（成長運動）」**と考えることができる。一方，下線部(d)のしくみとは「気孔の開閉と同じようなしくみ」である膨圧運動についての内容である。気孔の開閉は気孔を形成する孔辺細胞の膨圧の変化による膨圧運動によって起こる。つまり，**下線部(d)のしくみ＝「膨圧運動」**である。最初に，この設定をきちんと区別できるかどうかがカギになる。選択肢の記述もヒントになる。

次に，(c)「成長速度の違い」なのか，(d)「膨圧運動」なのかを区別する際の注目点は，図5の表皮片の長さの変化の様子である。(c)「成長速度の違い」の場合，成長することはあっても縮むことはない。一方，(d)「膨圧運動」の場合，膨圧が上昇すると成長し膨圧が低下すると縮む現象が見られるはずである。しかし，実験結果（図5）は，どの温度条件下においても全体において，長さが長くなるという現象は認められても，短くなるという現象は認められない。よって，(d)膨圧運動ではなく，(c)成長運動であると判断でき，注目点は「縮むという現象が起こるかどうか」という点であるから，⑤が正解となる。

  《植物の系統，交雑を妨げるしくみ》

◆ねらい◆花粉管の誘引について，植物の発生や進化・系統に関わる理解と，複数の分野にわたる内容を統合して考察できる力とともに，身近にある多様な植物について系統分類の知識を活用する力が問われている。

問1　1　正解は②

実験データをもとに，結果から推察されることを考察していく問題である。（正答率66.9％）

着眼点　示されたデータを正確に読み取れるかが試されている。

①**不適**。種Ｄはトレニア属ではなくアゼナ属であるが，花粉管は助細胞を除去していない胚珠に到達する割合が高く，助細胞を除去した胚珠にはほとんど到達していない。したがって，助細胞が花粉管を誘引する性質はトレニア属だけにみられるものではない。

②**適当**。図３のグラフより，トレニア属の種Ａ，Ｂ，Ｃとアゼナ属の種Ｄにおいて，助細胞を除去した胚珠には花粉管がほとんど到達しておらず，助細胞を除去していない胚珠には到達する割合が高いことが読み取れるので，助細胞が花粉管を誘引する性質はトレニア属の種Ａ，Ｂ，Ｃとアゼナ属の種Ｄにおいて共通してみられることが考察される。

③・④**不適**。**実験１・２**で用いているのはトレニア属とアゼナ属のみであり，裸子植物を含む種子植物全体や，シダ植物を含む維管束植物全体に共通してみられる現象なのかどうか，**実験１・２**の結果のみから判断することはできない。

⑤**不適**。トレニア属とアゼナ属の共通の祖先が，種Ｅの祖先と分岐した後で助細胞が花粉管を誘引する性質を獲得したものであるかどうかを判断するためには，種Ｅを用いて**実験１・２**を行い，その結果を考察する必要がある。

⑥**不適**。図１の系統樹からは，トレニア属に最も近縁である種は断定できない。また，図３のグラフにおいて，種Ａ，Ｂ，Ｃの間に大きな差はみられない。したがって，近縁であるほど誘引する能力が低いかどうかは判断できない。

問2　2　正解は⑤

実験データをもとに，胚珠・花粉管・柱頭の相互作用について判断する問題である。（正答率61.5％）

着眼点　どの組み合わせのときに花粉管が胚珠に到達したか，または，どの組み合わせのときに花粉管が胚珠に到達しなかったかということに注目する。

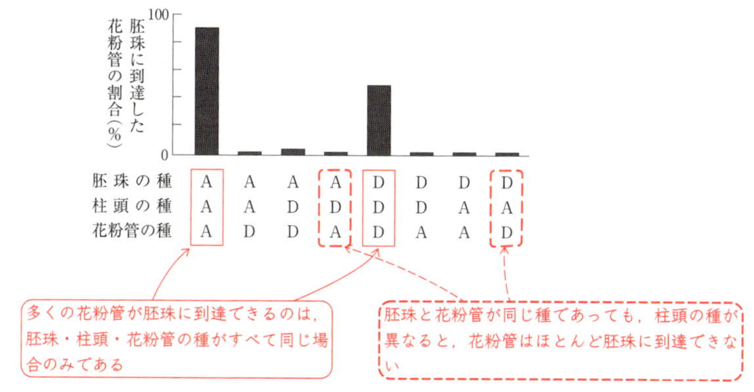

図4より，胚珠と花粉管の種が同一であるだけでは，花粉管はほとんど胚珠に到達できないことがわかる（上図の破線で囲んだデータ）。

①・②不適。種AとDの間にはたらく異種間での交雑を妨げるしくみが，種によって異なるのか，またはAに比べてDの方が発達しているのかは図4からは判断できない。

③・④不適。胚珠・柱頭・花粉管のどれかに異なる種が含まれると，花粉管はほとんど胚珠に到達できなくなっている。

⑤適当。胚珠・柱頭・花粉管の種がすべて同じ場合，多くの花粉管は胚珠に到達できている。よって，種AとDの間にはたらく異種間の交雑を妨げるしくみには，**胚珠と花粉管の相互作用，柱頭と花粉管の相互作用の両方が関与している**と判断できる。

問3　[3]・[4]　正解は③・⑤（順不同）

トレニア属の異なる2種が同じ場所に生育しているとき，この2種間の雑種個体がみられない理由を調べる研究計画として，適当でないものを特定する問題である。

（正答率：両方正解5点 35.0%，部分正答率：いずれか一方のみ正解2点 39.4%）

着眼点　雑種個体がみられない原因に関して，染色体の本数，開花時期，花粉媒介者など，多様な要因を考慮して総合的に判断する力が試されている。

①適当。種F・Gの染色体数が異なれば，両者の間で受精が起こったとしても，雑種細胞は染色体数が種Fとも種Gとも異なる状態となり，生育できない場合が多い。まれに雑種が生存する場合もあるが，その雑種は染色体数が異常なので，子孫を残せない。

②適当。種F・Gの開花時期が異なれば，両種間で交配は起こらず，雑種は生じない。

③不適。種F・Gのおしべとめしべの本数と，種F・Gの間で雑種が生じるかどうかは無関係である。

④**適当**。種F・Gのそれぞれについて花粉を運ぶ動物の種類が異なれば，両種間で交配は起こらず，雑種は生じない。

⑤**不適**。種F・Gのそれぞれについて1個体が形成する種子の数と，種F・Gの間で雑種が生じるかどうかは無関係である。

⑥**適当**。種F・Gの間でかけ合わせをして，種子が形成されなければ，両種間で雑種が生じないということが確認できる。

⑦**適当**。種F・Gの間でかけ合わせをして，種子が形成されても，その種子が発芽しなければ，両種間で雑種が生じないということが確認できる。

問4　5　正解は⑤

植物の写真をもとに，植物の系統を分類する問題である。（正答率 62.8％）

着眼点　写真に示された植物が何であるか，またどの分類群に属しているかを判断する力が試されている。

写真Hはゼニゴケであり，コケ植物である。**コケ植物は維管束をもたない**。また，**根・茎・葉の区別がない**。**ア**は**維管束を獲得し，種子形成を行わないので，シダ植物**である。写真Kはスギナであり，シダ植物に属しているので，**ア**に対応するのは写真Kである。**イ**は種子形成を行うが子房を獲得していないので，裸子植物である。写真Iはマツであり，裸子植物に属しているので，**イ**に対応するのは写真Iである。**ウ**は子房を獲得しているので被子植物である。写真Jはイネであり，被子植物に属しているので，**ウ**に対応するのは写真Jである。**被子植物は大きく双子葉植物と単子葉植物に分かれ**，トレニア属は双子葉植物に，イネは単子葉植物にそれぞれ属している。よって正解は⑤である。

  《ニワトリの皮膚の分化（誘導）》

表皮は，その下にある真皮からの誘導を受けて羽毛やうろこに分化する。後肢の真皮は表皮にうろこを，背の真皮は表皮に羽毛を誘導すると考えられる。これを頭に入れて表1・2の情報を読み解く。

問1　1 ・ 2　正解は③・⑦（順不同）

誘導に関する実験考察問題である。

表　1

		背の表皮		
		7日胚	10日胚	12日胚
後肢の真皮	10日胚	羽　毛	羽　毛	羽　毛
	12日胚	うろこ	羽　毛	羽　毛

Ⓐ　Ⓕ　Ⓒ

表　2

		後肢の表皮		
		10日胚	12日胚	15日胚
背の真皮	7日胚	羽　毛	羽　毛	うろこ
	10日胚	羽毛とうろこ	うろこ	うろこ

Ⓑ　Ⓔ　Ⓓ

①**不適**。Ⓐに着目する。7日胚の背の表皮は，12日胚の後肢の真皮からの誘導に応答してうろこに分化している。

②**不適**。Ⓑに着目する。背の真皮は，うろこではなく羽毛を誘導する。後肢の表皮は15日まで日数が経過すると，7日胚の背の真皮からの誘導に応答できず，本来の発生運命であるうろこに分化している。

③**適当**。Ⓒに着目する。10日胚の背の表皮の発生運命は決定しており，後肢の真皮からの誘導には応答できない。

④**不適**。Ⓐに着目する。背の表皮が7日胚のものであれば，12日胚の後肢の真皮はうろこを誘導できる。

⑤**不適**。Ⓓに着目する。組み合わせた背の真皮が7日胚のものであれば，12日胚の後肢の表皮は羽毛に分化しているので，発生運命はまだ決定していないといえる。

⑥**不適**。Ⓔに着目する。10日胚の背の真皮はうろこ以外に羽毛を誘導しているので，誘導能力が完全に消失しているわけではない。

⑦**適当**。Ⓕに着目する。10日胚の後肢の真皮と7日胚の背の表皮を組み合わせた場合は，羽毛が分化しているが，12日胚の後肢の真皮ではうろこが分化している。これは，10日胚から12日胚になるまでの間に後肢の真皮がうろこを誘導する能力を獲得したからだといえる。

  《ショウジョウバエの発生，ホメオティック遺伝子》

◆ねらい◆ショウジョウバエを題材として，昆虫の発生に関わる遺伝子のはたらきについて，動物の発生や生物の系統に関わる理解と，複数の情報を組み合わせて課題を解決する力が問われている。

問1　[1]　正解は③

昆虫が属する節足動物門の動物について，小学校から高等学校までに習得した生物分類の知識をもとに共通する形質の理解を問う，基礎的な問題である。（正答率50.2%）

[着眼点]　節足動物が旧口動物に属していることなどに付随する基礎知識に加えて，節足動物全体に共通する特徴が何であるかを見定めることができるかが試されている。

①**不適**。節足動物は従属栄養生物であり，独立栄養生物ではない。独立栄養生物は無機物から有機物を合成できる生物である。従属栄養生物は，有機物を取り入れる生物である。

②**不適**。節足動物では，発生の過程で生じる原口は肛門ではなく口になる。

③**適当**。節足動物には甲殻類や昆虫類，クモ類が含まれており，**どれも外骨格をもつ**。

④**不適**。脊索は新口動物である原索動物や脊椎動物の発生初期にみられる構造であり，旧口動物である節足動物にはみられない。

⑤**不適**。3対の肢をもつのは昆虫類のみであり，節足動物のすべてにみられる特徴ではない。エビやムカデなどは多くの肢をもつことからも確認できる。

問2　[2]　正解は③

ショウジョウバエの受精卵における調節タンパク質の濃度勾配の形成について，胚の前後軸の決定に関する理解をもとに，卵に局在する調節タンパク質が適切にはたらくために有効と考えられる卵や胚の性質を考察する問題である。（正答率14.3%）

[着眼点]　卵に局在する調節タンパク質の濃度勾配が形成され，その濃度勾配が子孫細胞に受け継がれて作用するために不可欠な，卵と胚の性質に着目できるかが試されている。

①**不適**。卵黄の分布は卵割の起こり方に影響するが，調節タンパク質の濃度勾配には関係しない。

②**不適**。卵割が卵の表面だけで起こることと，調節タンパク質の濃度勾配が形成されることは関係がない。

③**適当**。ショウジョウバエの卵では受精後しばらくの間は細胞質分裂が起こらないので，調節タンパク質は胚全体にわたって濃度勾配をつくりやすい環境になっている。

④不適。球形であっても濃度勾配の形成は可能である。

⑤不適。調節タンパク質Yの濃度勾配が形成されることと，別の調節タンパク質のmRNAが後端に偏って蓄えられていることは直接関係しない。

問3　3　正解は④

ショウジョウバエの形態形成について，細胞分化と形態形成のしくみについての理解をもとに，ホメオティック遺伝子の変異体の表現型から，その遺伝子のはたらきを推定する問題である。（正答率 46.8％）

着眼点　第3体節で発現するホメオティック遺伝子Xがはたらかなくなると，翅をつくらない第3体節が，翅をつくる第2体節と同様の形態になるのはなぜかということを，論理的に考察する力が試されている。

ホメオティック遺伝子Xは正常個体では第3体節ではたらいており，遺伝子Xがはたらいていると，第3体節は第2体節とは異なる（翅ができない）形態となる。しかし，遺伝子Xがはたらかなくなると，第3体節が，第2体節と同じ形態を示すようになることから，遺伝子Xは一つ前方の体節と同じ形態を示すようになることを抑制するはたらきをもつと判断できる。

①不適。発現している体節の一つ前方の体節（第2体節）にはたらきかけて，発現している体節（第3体節）と同じものになるのを促進しているのであれば，正常な個体で第2体節と第3体節は同じ構造になるはずである。

②不適。発現している体節の一つ前方の体節（第2体節）にはたらきかけて，発現している体節（第3体節）と同じものになるのを抑制しているのであれば，変異体では第2体節と第3体節はともに同じ構造になり，翅が生じないはずである。

③不適。発現している体節（第3体節）ではたらいて，一つ前方の体節（第2体節）と同じものになるのを促進しているのであれば，正常な個体で第2体節と第3体節は同じ構造になり，両体節で翅が生じるはずである。

④適当。発現している体節（第3体節）ではたらいて，一つ前方の体節（第2体節）と同じものになるのを抑制しているのであれば，正常な個体で第2体節と第3体節は異なる構造になり，また，遺伝子Xがはたらかない変異体で，第3体節で翅が生じる。

問4　4　正解は⑦　（④，⑤，⑥のいずれかで部分正解）

ホメオティック遺伝子のはたらき方について，ショウジョウバエの変異体の知見をもとに，チョウの形態形成のメカニズムについての仮説の整合性を判断する問題である。（正答率：⑦ 5点 7.8％，部分正答率：④ 3点 21.3％，⑤⑥ 1点 32.7％）

着眼点　ショウジョウバエとは違い，チョウでは第3体節にも翅が生じている理由に関して，ホメオティック遺伝子Xのはたらき方との関係を論理的に考察する力が試されている。

ⓐ問3で，遺伝子Xは第3体節ではたらいて，一つ前方の第2体節と同じものになる（翅ができる）のを抑制するはたらきをもつことが判明しているので，チョウの第3体節で翅が生じているということは，チョウでは遺伝子Xが存在せず第3体節ではたらいていないという可能性がある。

ⓑチョウの第3体節で翅が生じているということは，チョウでは遺伝子Xは第3体節で発現していないという可能性がある。

ⓒチョウでもショウジョウバエと同様に，第3体節で遺伝子Xが発現するが，遺伝子Xからつくられる調節タンパク質が調節する遺伝子群の種類がショウジョウバエと異なれば，チョウでは第3体節に翅が生じる可能性も考えられる。

したがって，これらの仮説ⓐ～ⓒはどれも，チョウが2対の翅をもっている理由を説明する仮説として，ショウジョウバエでの遺伝子Xのはたらき方とは矛盾しない。よって，⑦が正答となる。

11　標準　《細胞の分化と遺伝子発現》

細胞はいったん分化してしまうと，元の未分化な状態に戻ったり（脱分化または初期化），別の細胞に分化したり（再分化）することは多くない。その理由の一つに，他の組織に分化するのに必要な遺伝子がはたらかなくなることがある。しかし，体細胞クローン生物の存在やiPS細胞の実現などから，分化した細胞の遺伝子でも条件が整えば再びはたらき出すことができることが明らかとなった。

問1　1　正解は③

遺伝子の発現に関する知識問題である。

①不適。染色体の一部が失われてしまうと，脱分化や再分化は起こらない。

②不適。プラスミドは通常の染色体とはまったく異なるものである。

③適当。化学修飾とは，DNAの塩基配列は変化させないが，DNAやヒストンをメチル化するなどして，遺伝子の発現に関する調節が行われることである。

④不適。遺伝子が不要になるというのは転写が行われないことである。

問2　2　正解は①

細胞分化についての実験考察問題である。

①適当。増殖因子が周囲に存在すると，普段はその増殖因子によって，神経細胞への分化が抑制されていると考えられる。

②不適。通常必要な物質を添加しないことが，神経細胞への分化条件だから，（外部からの）誘導物質が必要なわけではない。

③不適。ウシ血清や増殖因子が存在しないことが，神経細胞への分化条件だから，

この文は誤り。

④**不適**。中胚葉誘導は，両生類の胚発生当初に内胚葉によって中胚葉が誘導される現象を指し，ここで述べられている現象とは別のものである。また，神経は外胚葉由来である。

問3　3　正解は③

実験結果を分析し，追加で行うべき実験を検討する問題である。

「形態的にはまだ区別できない」とあるので，遺伝子産物としての特定のmRNAやタンパク質を検出すればよい。ここでは，神経（前駆）細胞に特有のmRNAやタンパク質を検出できれば，神経細胞への分化が始まっていると判断できる。

問4　4　正解は②

実験結果を分析し，適切な結論を導き出す問題である。

「遺伝子の転写産物（mRNA）を特異的に破壊する操作を施す」ということは，この遺伝子が発現しないように処理するということである。この実験結果を言い換えると，神経細胞に分化したときだけ特に強く発現していた遺伝子を発現させないようにすると，神経前駆細胞へ分化しなかったということである。したがって，この遺伝子は**神経前駆細胞への分化に必要な遺伝子**とわかる。

問5　5　正解は④

実験結果を分析し，適切な結論を導き出す問題である。

この遺伝子のmRNAを破壊して，胚盤胞に注入すると（脳の）神経細胞へ分化しなかったことから，この遺伝子が試験管内だけでなく，胚の生育環境でも神経細胞への分化に必要であることがわかる。

コラム Q&A 生物学習のコツ （1）センパイ受験生のお悩み編

共通テストに臨む受験生へのアドバイスを Q&A 形式でお届けします。ここでは，センパイ受験生が直面した悩みについて答えていただきました。（回答：鈴川茂先生）

図やグラフの読み取りが苦手です。どうしたら読めるようになりますか？

A 図やグラフに自分の読み取った内容を書（描）き込む習慣を。

勉強する際に，普段から**図やグラフから読み取れることを常に意識し，ノートなどにまとめておく**とよいです。その一例を下に示します。図やグラフにそのとき見られる現象などを書（描）き込んでいくことで，**自分の考え方が表面化**されます。それを繰り返し行っていくことで，初見のグラフなどの読み取りもできてくるはずです。「継続は力なり」です。

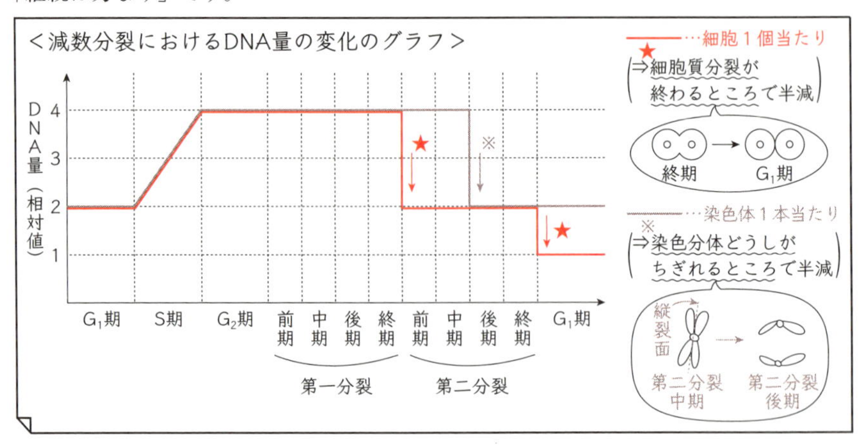

いつも解答時間が足りなくなります…。スピードを上げる方法は？

A 「問題作成者の意図に沿うこと」を意識しよう。

もしかしたら，リード文の1文1文を正確に理解しながら読み進もうとしてはいませんか？　生物の入試問題を解く際に最も意識すべきことは，**「問題作成者の意図に沿う」**ことです。したがって，リード文を軽く読んだ後，即座に「問い」の文章へと進み，“何が問われているのか？”を把握し，その後再度リード文を読み込むようにしましょう。まずは，本書の問題を解く際に，それを実践してみてください。それを繰り返し行っていくことで，解答のスピードが上がるはずです。

第３章　生物の環境応答　指 針

分野の特徴

2014 年度以前の教育課程「生物Ⅰ」の「環境と動物の反応」の流れをくむ分野で，体内環境・自律神経系・内分泌系については「生物基礎」に振り分けられ，神経・受容器と効果器・動物の行動に関する内容が「生物」で扱われるようになっている。センター試験では頻出であり，実験考察問題も多くみられる分野である。

動物の反応

神経系や受容器についての出題が多く，2021 年度共通テスト第 1 日程では神経系からの出題があり，第 2 日程では聴覚からの，2020・2019 年度センター本試験では視覚からの出題があった。名称などの単純な暗記では解けないグラフの読み取りや考察問題も出題されるため，暗記するだけでなく，そのしくみを説明できるような学習が必要である。刺激の受容と反応については，受容器や中枢神経に関する問題が多く出題されているので，比較的細かい点まで学習しておこう。活動電位発生のしくみや筋収縮のしくみは，教科書でしっかり確認しておこう。また，動物の行動についても注意しておきたい。

植物の反応

多くは植物ホルモンを中心とした出題である。明暗周期を変化させた実験から花芽形成の有無を考察させる問題，光屈性とオーキシンの関係を考察させる問題などが出題されている。2019・2018 年度本試験では，遺伝子と関連した実験考察問題も出題されている。その他，光を受容する色素タンパク質のしくみ（2021 年度共通テスト第 2 日程および 2017 年度本試験で出題された），フロリゲンの遺伝子など最近の研究内容については実験考察問題で出題されやすいため，注意が必要である。

体内環境（生物基礎）

「生物基礎」の範囲なので直接知識を問われることは考えにくいが，以前の教育課程では動物の反応とともに分類されていた項目であり，内容的に大きく関わる分野なので，体内環境について一通り復習しておくべきだろう。動物の反応・行動とホルモンの作用との関わりを実験によって調べる問題がプレテストや 2021 年度共通テスト第 2 日程で出題されており，自律神経系と内分泌系に関連づけた出題には備えておきたい。また，「生物基礎」で詳細に学習する免疫のしくみは，細胞の構造と機能，遺伝情報との関わりがある項目である。

第3章　生物の環境応答　演習問題

12　第2回プレテスト　第1問

次の文章（A・B）を読み，下の問い（問1～3）に答えよ。
〔解答番号 1 ～ 3 〕

A　ある高校では，缶詰のツナを利用し，骨格筋の観察実験を行った。少量のツナを洗剤液の中で細かくほぐした後，よく水洗いしながら更に細かくほぐした。これを染色液に浸してしばらくおいた後，よく水洗いしてスライドガラスに載せ，カバーガラスをかけて顕微鏡で観察した。接眼レンズを通して見えた像をスマートフォンで撮影したものが次の図1であり，図1の一部を拡大したものが下の図2である。

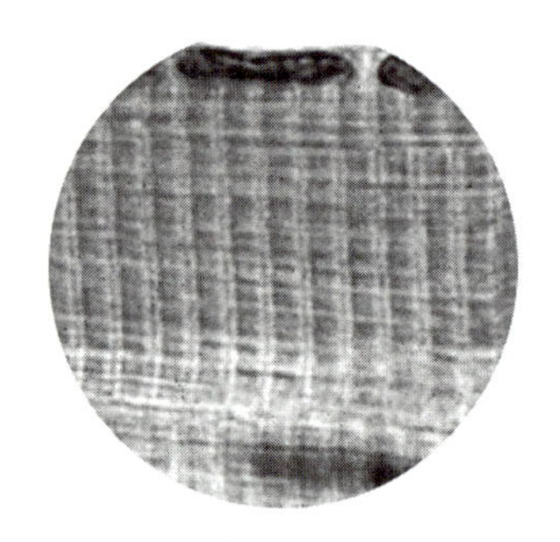

図　1

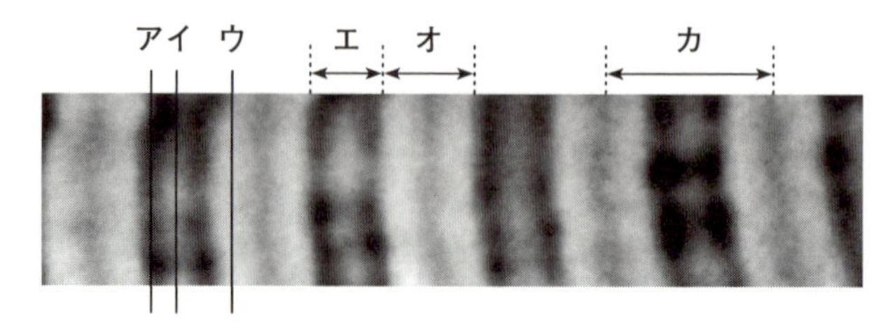

図　2

問 1　図 2 中の直線**ア**～**ウ**に相当する位置での切断面の様子を模式的に示したものが，次の図 3 の a～c のいずれかである。切断した位置(**ア**～**ウ**)と断面図(a～c)との組合せとして最も適当なものを，下の①～⑥のうちから一つ選べ。 1

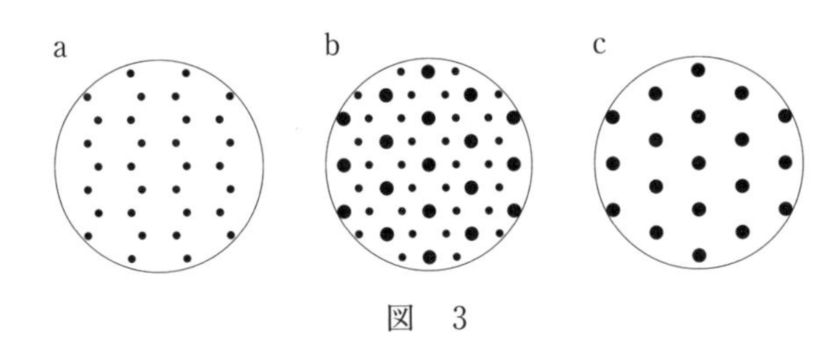

図　3

	ア	イ	ウ
①	a	b	c
②	a	c	b
③	b	a	c
④	b	c	a
⑤	c	a	b
⑥	c	b	a

問 2　図 2 中の**エ**～**カ**のうち，骨格筋が収縮したときに，その長さが変わる部分はどれか。それらを過不足なく含むものを，次の①～⑦のうちから一つ選べ。 2

①　エ　　②　オ　　③　カ　　④　エ，オ
⑤　エ，カ　　⑥　オ，カ　　⑦　エ，オ，カ

B　筋収縮のエネルギーはすべて ATP により供給される。次の図 4 は，1500 m 走において，消費するエネルギーに対する ATP 供給法の割合の，時間経過に伴う変化を示したグラフである。通常，スタートダッシュ時には，まず筋肉中に存在するクレアチンリン酸という物質が，クレアチンとリン酸に分解され，そのときに合成される ATP がエネルギーとして利用される。その後，図 4 中の**キ**や**ク**で示す ATP 供給法により得たエネルギーが利用されるようになる。

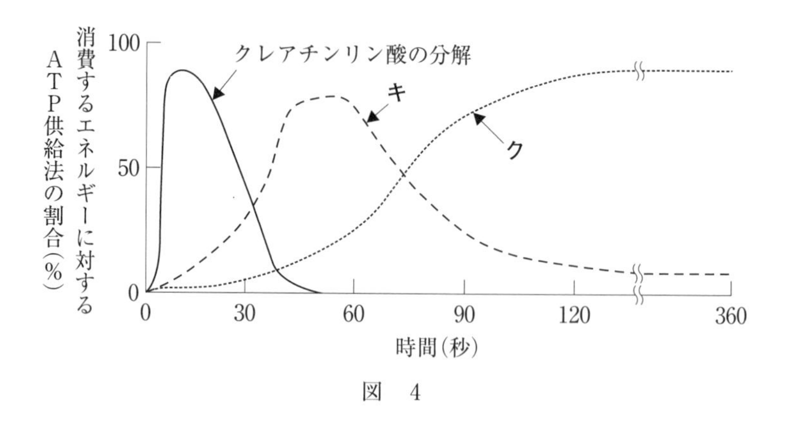

図　4

問 3 1500 m走を行った高校生のアユムは，スタートダッシュを試みたが，すぐに疲れてしまい，その後はほぼ一定のペースで走って，6分ちょうどでゴールインした。次の記述①～⑥は，図4中の**キ**と**ク**について，アユムが走りながら考えたことである。これらのうち，下線を引いた部分に**誤りを含む**ものを，①～⑥のうちから一つ選べ。 [3]

① (スタートから10秒後)そろそろ二番目のATP供給法**キ**も動き始めているころだ。**キ**には酸素が必要ないはずだ。

② (スタートから30秒後)息が苦しくなってきた。**キ**はミトコンドリアで行われているはずだ。

③ (スタートから45秒後)足も重たくなってきた。そろそろ足の筋細胞には**キ**によって乳酸ができるはずだ。

④ (スタートから90秒後)そろそろ三番目のATP供給法**ク**が中心となっている頃だ。**ク**は酸化的リン酸化によりATPをつくるはずだ。

⑤ (スタートから120秒後)だいぶ走るペースがつかめてきた。**ク**では**キ**よりも同じ量の呼吸基質から多くのATPをつくれるはずだ。

⑥ (スタートから360秒後)やっとゴール地点だ。**ク**ではATPとともに水ができるはずだ。

13　新潟大学（前期日程）2016年度／東海大学（医学部）2012年度・改

以下の文章を読み，下の問い（問1～4）に答えよ。
〔解答番号 1 ～ 6 〕

Aさんが夏の晴れた日に公園を散策していると，小さな花が咲いているのを見つけた。Aさんはその花を観察するため手に取った。このとき，Aさんの眼に入った光刺激は電気信号に変換され，(ア)大脳の視覚中枢へ送られ，花の形や色が認識され，観察するための指令が出る。(イ)この指令は運動神経により手足を動かす骨格筋に伝わる。そして，花を手に取った後，Aさんの皮膚で生じた感覚刺激が(ウ)大脳の感覚中枢へ送られ，その花の感触が認識される。

(エ)Aさんが空を見上げるとまぶしい太陽の光が眼に入ってきた。このとき眼の虹彩の中の筋肉の働きにより瞳孔が縮小し，網膜に進入する光量は少なくなる。

問1　下線部(イ)の情報は，運動神経を構成する神経細胞の興奮により伝わる。この興奮が発生する仕組みについて正しい記述を，次の①～④から一つ選べ。 1

① チャネルの働きにより細胞膜の外側の K^+ が細胞膜の内側に流入し，活動電位が発生する。
② チャネルの働きにより細胞膜の外側の Na^+ が細胞膜の内側に流入し，活動電位が発生する。
③ ポンプの働きにより細胞膜の外側の K^+ が細胞膜の内側に流入し，活動電位が発生する。
④ ポンプの働きにより細胞膜の外側の Na^+ が細胞膜の内側に流入し，活動電位が発生する。

問2 下線部(ア)の視覚中枢，および，下線部(ウ)の感覚中枢は次の図1のどの部位に位置するか。その組合せとして正しいものを下の①～⑥から一つ選べ。 2

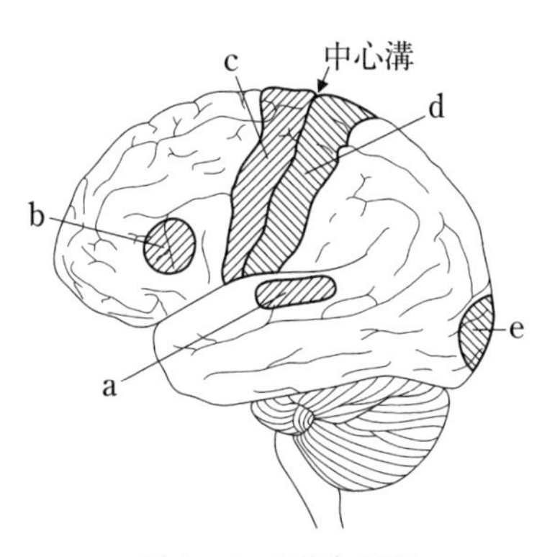

図1 ヒト脳左側面

	視覚中枢	感覚中枢
①	a	b
②	a	c
③	a	d
④	e	b
⑤	e	c
⑥	e	d

問3　下線部(エ)の網膜に進入する光量の調節には，大脳を経由しないで興奮を伝える経路が使われる。(1)と(2)の問いに答えよ。

(1)　この光量の調節に関与している中枢は次の図2のどの部位に位置するか。正しいものを①～⑤から一つ選べ。［3］

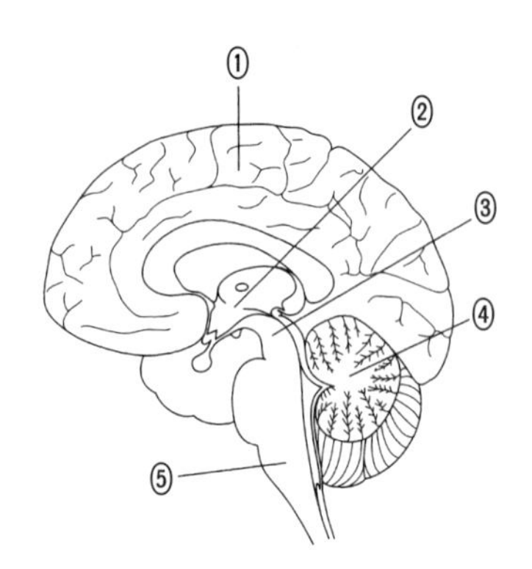

図2　ヒト脳正中断面

(2)　この光量の調節と同様に，大脳を経由しないで興奮を伝える経路をもつ反応について述べている記述を，次の①～⑤から二つ選べ。［4］

①　コショウが鼻から入り，くしゃみが出た。
②　悲しいドラマを見て，涙が出てきた。
③　梅干しを見たとき，だ液が出た。
④　ひざの関節のすぐ下をたたいたとき，足がはねあがった。
⑤　財布から小銭を落としてしまい，あわてて拾った。

問4 Ａさんの聴覚を調べるために，音叉を使って検査をしたところ，以下のＸ～Ｚに示したような結果が得られた。(1)と(2)の問いに答えよ。

Ｘ 音叉を振動させて，Ａさんの右耳に近づけ，音が聴こえなくなったらすぐに合図をしてもらった。その後，音叉をＢさん（検査をする人）の耳に近づけたら，Ｂさんには音叉の音が聴こえた。

Ｙ 同じことをＡさんの左耳で行うと，Ａさんの合図のあと，音叉をＢさん（検査をする人）の耳に近づけてもＢさんには音は聴こえなかった。

Ｚ 振動させた音叉を右の図３のようにＡさんの額の中央にあてた。音叉の振動は，左耳で大きく聴こえた。なお，Ｂさんの聴覚は正常である。

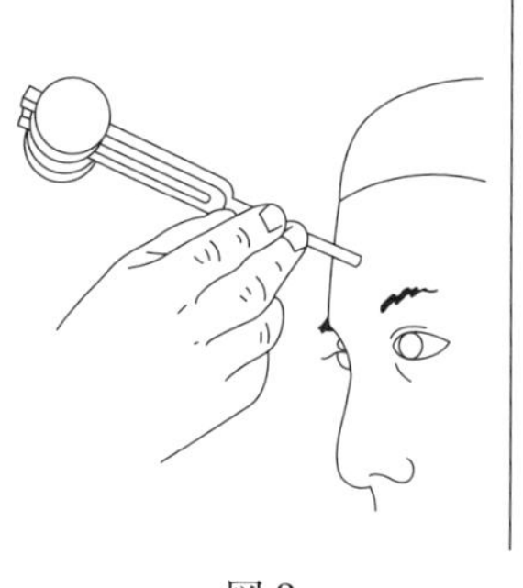

図３

(1) Ａさんの聴覚について正しいものはどれか。次の①～③から一つ選べ。[5]

① 右が低下している
② 左が低下している
③ 右左ともに低下している

(2) 上記の検査結果から，Ａさんの聴覚の低下の原因は，どの部位に異常があるためと考えられるか。異常がある部位として考えられるものを次の図４の①～⑨から<u>すべて</u>選べ。[6]

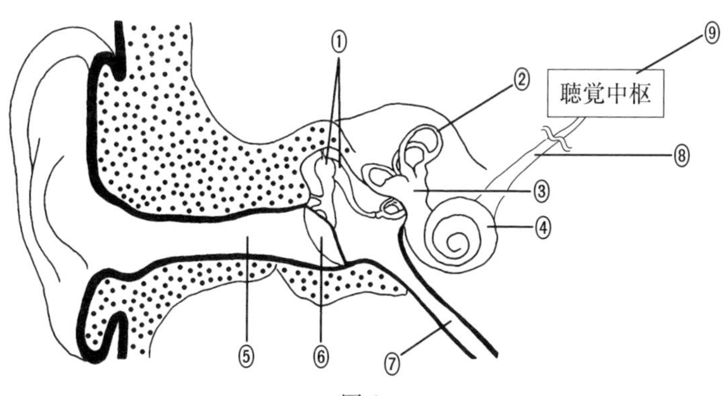

図４

14　センター試験2006年度本試 生物Ⅰ

動物の行動に関する次の文章を読み，下の問い（問1～4）に答えよ。
〔解答番号[1]～[4]〕

成熟した雌雄のチャバネゴキブリが出会うと，互いに触角を激しく触れ合わす（以下，この行動を「フェンシング」という）。フェンシングをすると，雄は翅(はね)を立てながら回転し（翅上げ・回転行動），尾部を雌に向ける。すると，雌は後ろから雄に乗りかかりながら，雄の腹部背面をなめる。その部分をなめられると，雄は腹部を伸展させながら後ずさりし（腹部伸展・後ずさり行動），自分の交尾器を雌の交尾器と結合させる。しかしながら，雌雄が近づいてもフェンシングが行われなければ，それに引き続く配偶行動は起こらないし，一連の配偶行動が途中から始まることもない。また，ふ化後単独で飼育された個体どうしでもこのような配偶行動が観察されることから，これは[ア]行動であることが分かる。この配偶行動のメカニズムを明らかにするため，以下の**実験1～4**を行った。

実験1　雌の触角を切り取り，その触角でフェンシングのように雄の触角を刺激すると，雄は翅上げをしながら回転し，尾部を雌の触角の方に向けた。

実験2　雌の触角を切り取り，化学物質を溶かすことができるヘキサン（有機溶媒の一種）で洗ってから，その触角で雄の触角をフェンシングのように刺激したが，雄は反応しなかった。

実験3　雄の触角を切り取り，その触角でフェンシングのように他の雄の触角を刺激したが，雄は反応しなかった。

実験4　**実験1**に引き続き，翅上げをしている雄の腹部背面を小さな筆で刺激すると，雄は腹部を伸ばしながら後ずさりした。

問1　上の文章中の[ア]に入る語句として最も適当なものを，次の①～④のうちから一つ選べ。[1]

①　試行錯誤的な　　　②　刷込みによる
③　生得的な　　　　　④　学習による

問2　雄の翅上げ・回転行動を引き起こす直接の原因を明らかにするための追加実験として最も適当なものを，次の①～④のうちから一つ選べ。[2]

① 正常な雄と片側の触角を切除した雌を出会わせる。
② 多数の雌の触角を洗ったヘキサン抽出液を濃縮し，それを塗り付けた雄の触角で他の雄の触角を刺激する。
③ 空気の流れがない暗黒中で雌雄を出会わせる。
④ 雄の風上あるいは風下に直接接触できないように雌をおき，それぞれの場合で翅上げ・回転行動の発現率を調査する。

問3　雄の腹部伸展・後ずさり行動に関してどのようなことが考えられるか。最も適当なものを，次の①～④のうちから一つ選べ。[3]

① 翅上げをしている雄は，腹部背面にある感覚器で雌の口器の表面にある化学成分を感知して，この行動を起こす。
② 翅上げをしている雄にこの行動を起こさせるには，腹部背面への接触刺激のみでよい。
③ 雄が雌の体表から揮発しているフェロモンを感じ取り，雌の存在を確認することが，この行動の発現に必要である。
④ 翅上げをしていない雄でも，腹部背面を小さな筆で刺激されると，この行動を起こす。

問4　チャバネゴキブリの配偶行動に関する記述として最も適当なものを，次の①～④のうちから一つ選べ。[4]

① 雄が配偶行動を開始するためには，必ず雌個体そのものの存在が必要である。
② 雌の触角には雄の配偶行動を引き起こすことのできる化学物質があり，大気中に拡散して作用する。
③ 配偶行動の開始には視覚情報も必要である。
④ 配偶行動は，いくつかの反射の連続により構成されている。

15　センター試験 2007 年度本試 生物Ⅰ

植物の成長に関する次の文章を読み，下の問い（問１～３）に答えよ。
〔解答番号 １ ～ ３ 〕

茎の先端の芽（頂芽）がさかんに成長しているときは，側芽の成長は頂芽により抑制されていることが多い。このような現象を頂芽優勢という。頂芽が切除されて側芽の成長抑制が解除されると，側芽は成長を開始する。ある植物ホルモンＸ，Ｙ，Ｚが側芽の成長に及ぼす影響を調べるために，以下の**実験１～３**を行った。**実験１・実験２**の方法は模式的に図１に示し，結果は表１にまとめた。**実験３**の方法は模式的に図２に示し，その結果は表２にまとめた。

実験１　頂芽を含む茎の先端を切除した。ただちに切り口に蒸留水あるいはＸ，Ｙ，Ｚの溶液（以下，「試験液」という）を含む寒天片を載せ，一定時間後に切り口のすぐ下の側芽アの成長を調べた。ただし，試験液は切り口に載せた寒天片から茎に吸収されたものとする。

実験２　側芽アに**実験１**と同じ試験液を滴下し，一定時間後に側芽アの成長を調べた。ただし，与えた試験液は側芽だけに吸収されたものとする。

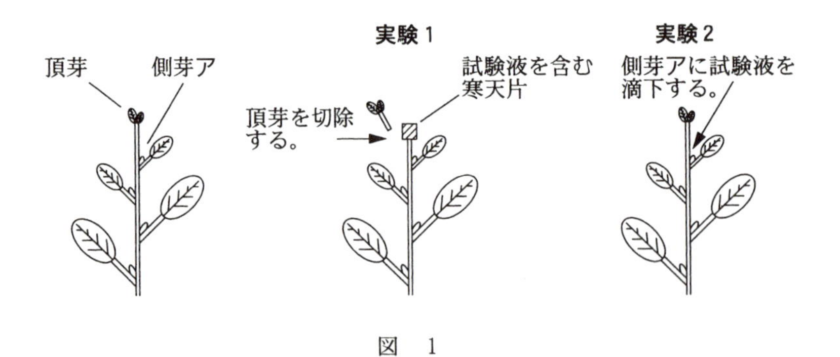

図　1

表　1

試験液	側芽アの成長	
	実験1	実験2
蒸留水	○	×
X	×	×
Y	○	×
Z	○	○

○は側芽アが成長したことを，×は側芽アが成長しなかったことを表している。

実験3　Xの茎における移動を調べるために，特殊な方法で標識をつけたXを実験1と同様にして切り口に与えた。一定時間後に，図2に示すように，切り口の0.25 cm下から0.5cmずつ茎切片**イ**，**ウ**，**エ**，**オ**を切り出して，各切片に含まれる標識されたXの量を測定した。測定は30分ごとに行い，それぞれの測定には同じ条件で生育させた別々の植物体を用いた。その結果は各切片における標識されたXの量の相対値として表2にまとめた。

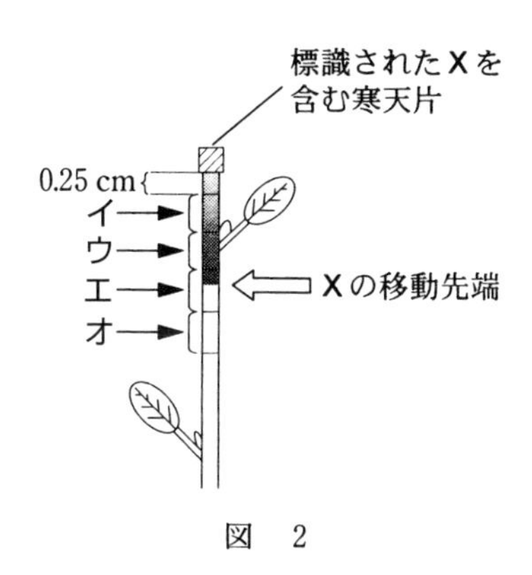

図　2

表　2

標識されたXの量(相対値)

標識されたXを与えてからの時間(分)	測定部位			
	イ	ウ	エ	オ
30	100	0	0	0
60	80	92	0	0
90	60	72	84	0
120	48	52	64	75
150	38	42	49	58

問1　表1の結果からX，Y，Zに関する記述として最も適当なものを，次の①～⑥のうちから一つ選べ。[1]

① Xは側芽の成長を抑制し，Yは側芽の成長抑制を解除する。
② Xは側芽の成長抑制を解除し，Yも側芽の成長抑制を解除する。
③ Yは側芽の成長抑制を解除し，Zは側芽の成長を抑制する。
④ Yは側芽の成長抑制を解除し，Zも側芽の成長抑制を解除する。
⑤ Xは側芽の成長を抑制し，Zは側芽の成長抑制を解除する。
⑥ Xは側芽の成長抑制を解除し，Zは側芽の成長を抑制する。

問2　実験3においてXは，切り口に載せた寒天片から茎に吸収され，茎を下降する。表2の結果から，標識されたXの移動先端が1時間当たりに移動する距離として最も適当なものを，次の①～⑥のうちから一つ選べ。約[2]cm

① 0.5　② 1　③ 1.5　④ 2　⑤ 2.5　⑥ 3

問3　Ｙには種子の発芽を抑制するはたらきがあり，Ｚには葉の老化を抑制するはたらきがあることがわかっている。Y，Zに相当する植物ホルモンの組合せとして最も適当なものを，次の①～⑥のうちから一つ選べ。 3

	Y	Z
①	ジベレリン	サイトカイニン
②	ジベレリン	アブシシン酸
③	サイトカイニン	アブシシン酸
④	サイトカイニン	ジベレリン
⑤	アブシシン酸	ジベレリン
⑥	アブシシン酸	サイトカイニン

16　関西医科大学（一般前期日程）2017年度・改

オオムギの発芽について行った実験の結果に関して，下の問い（問1～3）に答えよ。

〔解答番号 1 ～ 9 〕

問1　種皮を取り除いたオオムギの種子に十分吸水させ，暗所（20℃）に置いた。種子に含まれる植物ホルモンaと植物ホルモンbの量の変化を調べると，下のグラフのような結果が得られた。植物ホルモンaと植物ホルモンbはそれぞれ何か。次の①～⑨から選べ。

植物ホルモンa 1 　　植物ホルモンb 2

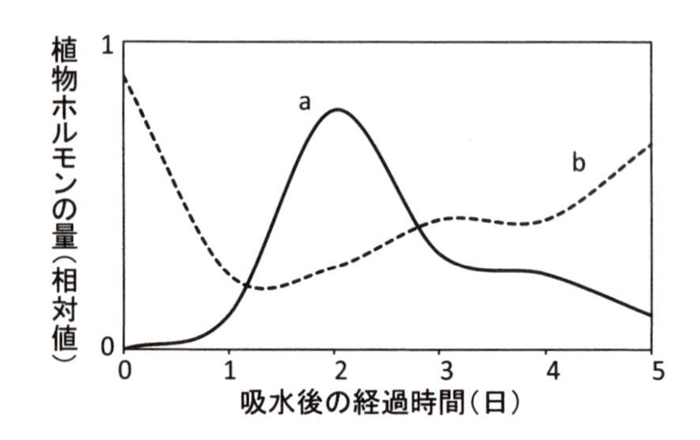

① アブシシン酸　② エチレン　③ オーキシン
④ クリプトクロム　⑤ サイトカイニン　⑥ ジベレリン
⑦ フィトクロム　⑧ フォトトロピン　⑨ フロリゲン

問2　オオムギの種子の糊粉層を単離し，植物ホルモンaまたは植物ホルモンbで処理した後，単離した糊粉層に含まれるアミラーゼ mRNA 量を調べた。それぞれのホルモンで処理した結果として適当なグラフを下の①～④の中から選べ。

植物ホルモンa 3 　　植物ホルモンb 4

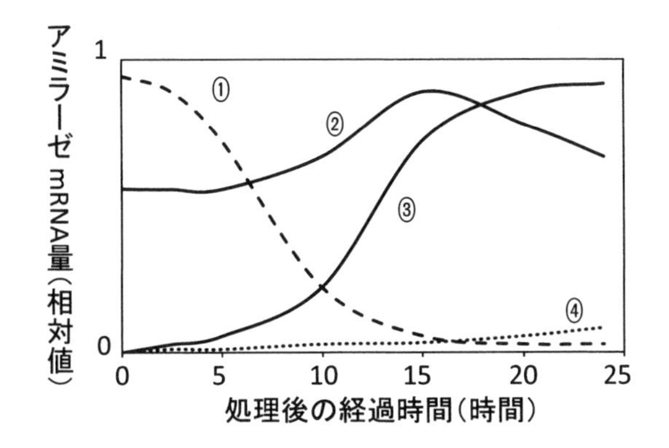

問3　以下の1～5の処理をしたオオムギの種子を暗所（20℃）に置いて，種子に含まれるデンプン量の減少率（吸水前の種子に含まれるデンプン量に対して減少した割合を％で示す）を8日間調べた。なお，オオムギの種子は1の処理の4日後に発芽し，オオムギのアミラーゼ mRNA の翻訳には3時間ほど時間を要することとする。処理1～5の結果として適当なグラフを下の①～⑤の中からそれぞれ選べ。なお，同じものを複数回選んでもよい。

処　理

1　種皮を取り除いたオオムギの種子に十分吸水させた。 5

2　種皮を取り除いた種子に適当な濃度の植物ホルモンｂを含む水を十分吸水させた。 6

3　糊粉層を取り除いたオオムギ種子に十分吸水させた。 7

4　糊粉層を取り除いたオオムギ種子に適当な濃度の植物ホルモンａを含む水を十分吸水させた。 8

5　胚を取り除いたオオムギ種子に適当な濃度の植物ホルモンａを含む水を十分吸水させた。 9

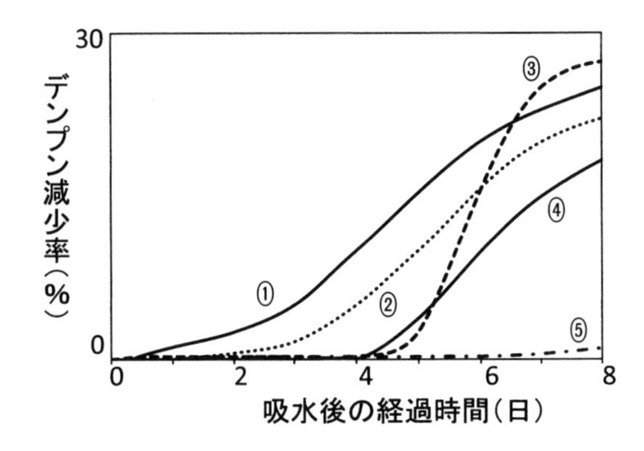

17　第2回プレテスト　第2問　B

次の文章を読み，下の問い（問1～2）に答えよ。
〔解答番号 1 ～ 2 〕

ある高校の園芸部では，珍しい園芸植物Xの種子を入手し，学校の花壇で栽培することにした。植物Xについてインターネットで調べたところ，いくつかのサイトが見つかり，次の情報が得られた。

・種子は生存期間が比較的短く，2～3年で発芽能力を失う。
・日当たりのよいところを好み，日陰では育たない。
・自家受粉では結実しない。

しかし，これら以外の点については，はっきりしなかった。そこで，花壇aと花壇bの一画に，それぞれ2回に分けて植物Xの種子をまいてみた。二つの花壇の環境はほぼ同じだが，花壇bの脇には屋外灯がある。各集団について，発芽後の経過を観察し，最初に花芽が見られた日を記録したところ，次の表1のようになった。また，この期間，この地域の日の出と日の入りの時刻は下の図1に，気温の変化は下の図2に示すとおりであった。

表　1

種子をまいた日	花壇	最初に花芽が見られた日
2015年　6月　1日	a	2016年4月15日
2015年　6月　1日	b（脇に屋外灯*）	2016年3月10日
2015年10月15日	a	2016年4月15日
2015年10月15日	b（脇に屋外灯*）	2016年3月10日

*屋外灯は，年間を通して，日没から19時まで点灯していた。

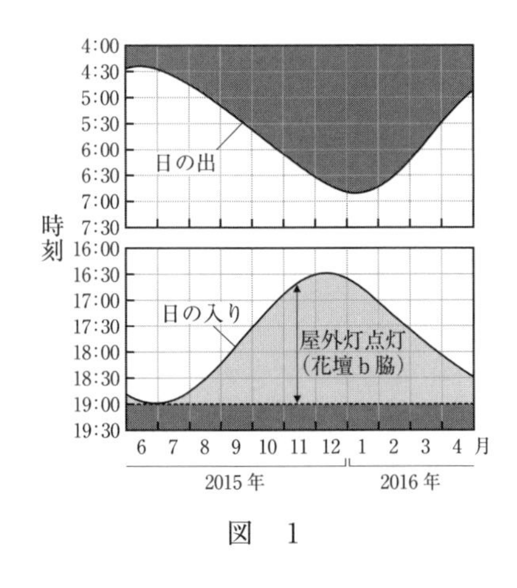

図　1

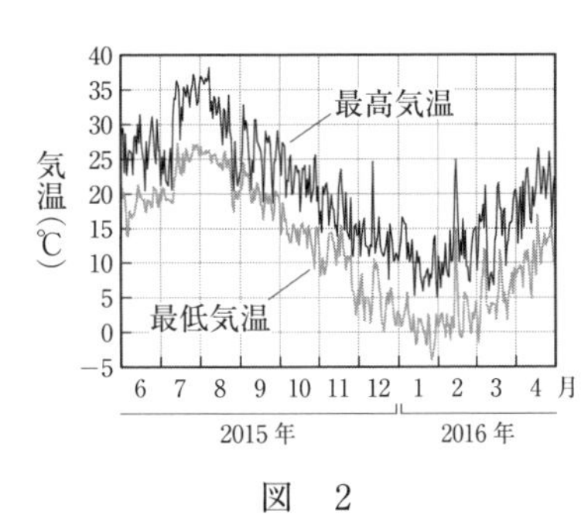

図　2

問 1　植物 X の花芽形成の光周性についての考察として最も適当なものを，次の①～⑤のうちから一つ選べ。 1

① 短日植物であり，限界暗期は 11 時間より短い。
② 短日植物であり，限界暗期は 11 時間より長い。
③ 長日植物であり，限界暗期は 11 時間より短い。
④ 長日植物であり，限界暗期は 11 時間より長い。
⑤ 中性植物であり，限界暗期というものはない。

問 2　植物 X の花芽形成と温度との関係についての考察として最も適当なものを，次の①～⑤のうちから一つ選べ。 2

① 低温を一定期間以上経験していることが，花芽形成の前提となる。
② 低温を経験していないことが，花芽形成の前提となる。
③ 高温を一定期間以上経験していることが，花芽形成の前提となる。
④ 高温を経験していないことが，花芽形成の前提となる。
⑤ 過去に経験した温度は，花芽形成に関係しない。

18　センター試験 2008 年度本試 生物Ⅰ

植物の成長と環境要因に関する次の文章（A・B）を読み，下の問い（問1～6）に答えよ。
〔解答番号 1 ～ 6 〕

A　植物は日長や気温の変化を季節の変動として感じとり，花を咲かせている。図1は，ある植物の種子を3月から10月にかけて時期をずらしてまき，温度を一定にした野外の温室で育て，子葉の展開から開花までの日数と日長の関係を調べた結果である。この植物は子葉の展開直後から日長を感じることができる。

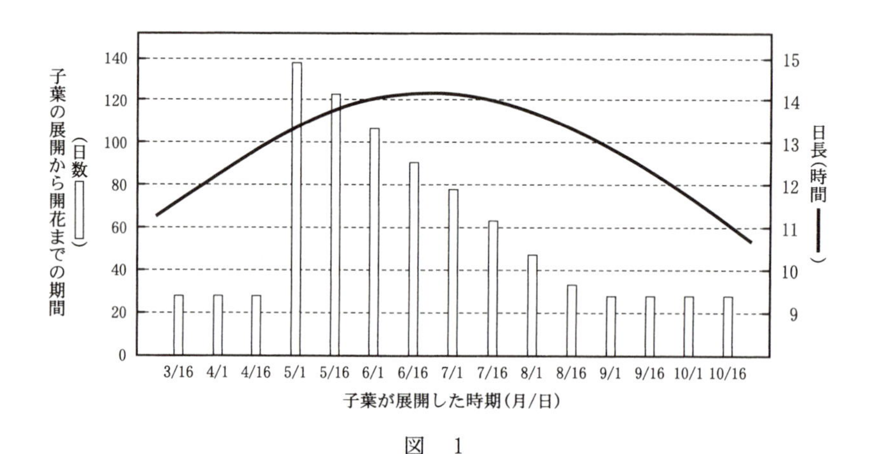

図　1

問1　5月16日(ア)，6月16日(イ)，7月16日(ウ)，9月16日(エ)に子葉が展開した個体が開花する時期として最も適当なものを，次の①～⑤のうちから一つ選べ。 1

	ア	イ	ウ	エ
①	7月20日頃（ごろ）	8月20日頃	9月16日頃	10月16日頃
②	9月6日頃	9月17日頃	9月30日頃	10月6日頃
③	9月17日頃	9月17日頃	9月17日頃	10月13日頃
④	9月20日頃	10月21日頃	11月17日頃	12月16日頃
⑤	10月16日頃	10月16日頃	10月16日頃	11月17日頃

問2 図1より，日長と子葉の展開から開花までの日数の関係に関する説明として最も適当なものを，次の①～④のうちから一つ選べ。 [2]

① 子葉の展開から開花までの日数と日長との間には関係はない。
② 子葉の展開から開花までには一定以上の日数が必要であり，開花までの日数は日長の影響を受ける。
③ 日長が長くなると，子葉の展開から開花までの日数は減少する。
④ 日長が長くなると，子葉の展開から開花までの日数は増加する。

問3 図1より，この植物の光周性に関する記述として最も適当なものを，次の①～⑥のうちから一つ選べ。 [3]

① 短日植物であることはわかるが，花芽形成に必要な暗期の長さは推定できない。
② 長日植物であることはわかるが，花芽形成に必要な明期の長さは推定できない。
③ 季節にかかわらず開花するので，中性植物である。
④ 明期の長さが約13時間より長くなると花芽形成が起こる。
⑤ 暗期の長さが約13時間より短くなると花芽形成が起こる。
⑥ 暗期の長さが約11時間より長くなると花芽形成が起こる。

B オーキシンは，植物の成長や環境刺激に対する応答などにはたらく植物ホルモンとして知られている。オーキシンが茎などの成長を促進することを利用して，植物に含まれるオーキシン量を測定するため次の実験を行った。なお，ここではオーキシンはインドール酢酸（IAA）とする。また，この実験は暗所で行われ，IAAの濃度は最大でも2.0mg/Lを超えないものとする。

実験1 (1) マカラスムギ（アベナ）の種子を暗所で発芽させ，幼葉鞘（ようようしょう）が約20mmの長さになるまで育てた。
(2) 幼葉鞘の先端5mmを切りとり（図2 a，b），いろいろな濃度のIAA溶液を含んだ寒天片を，幼葉鞘の切り口の片側にのせた（図2 c）。3時間後，幼葉鞘はIAAを含む寒天片がのっていない側に屈曲していた。この時の角度を屈曲角とする（図2 d）。
(3) その結果，寒天中のIAA濃度と屈曲角には図3のような関係があることがわかった。

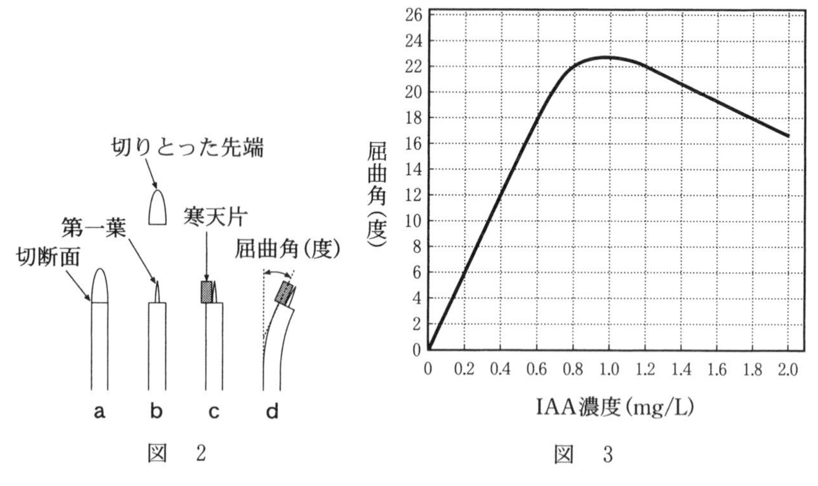

図　2　　　　図　3

実験2　**実験1**の方法と結果を利用して，エンドウの芽生えの各部位に含まれるIAA量を推定する実験を行った。

(1)　図4に示すように，暗所，25℃で生育したエンドウ芽生えから，幼葉を含む先端，茎，根を切り出した。

(2)　(1)で得られた先端，茎，根の重さをそろえ，各試料からIAAを含む溶液を抽出し同じ液量とした。

(3)　これらの抽出液を含んだ寒天片を作成し，**実験1**と同様にマカラスムギ幼葉鞘を用いて屈曲角を測定した。この時，得られた植物抽出液を水で2倍に希釈したものについても同様な実験を行い，屈曲角を測定した。その結果を表1に示す。

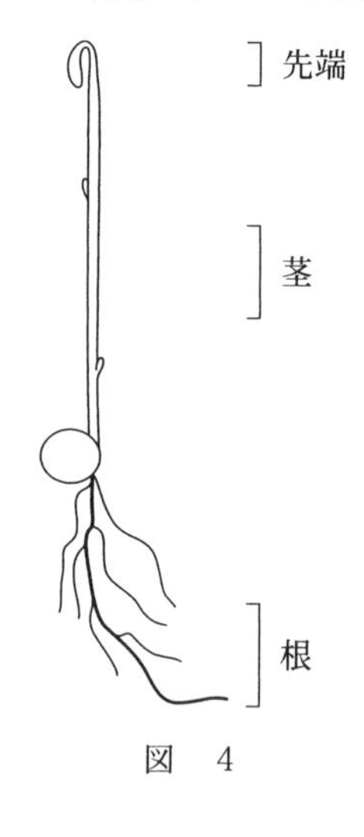

図　4

表　1

	屈曲角(度)		
	先端	茎	根
抽出液	22	12	22
2倍に希釈した抽出液	18	6	12

問4 **実験1**で寒天に加えたIAAのマカラスムギ幼葉鞘の屈曲に対する作用についての説明として最も適当なものを，次の①～④のうちから一つ選べ。 4

① IAAは，寒天片をのせた側の反対側の下方に移動し，のせていない側の幼葉鞘の成長を促進する。
② IAAは，寒天片をのせた側の下方に移動し，のせた側の幼葉鞘の成長を促進する。
③ IAAは，下方に移動することなく寒天片をのせた部分ではたらいて，のせた側の成長を促進する。
④ IAAは，寒天片をのせた側の第一葉を通って下方に移動し，のせた側の幼葉鞘の成長を促進する。

問5 **実験1**（図3）の結果から，与えたIAAの濃度とマカラスムギ幼葉鞘の成長の関係についての説明として**誤っているもの**を，次の①～④のうちから一つ選べ。ただし，IAA濃度は0～2.0mg/Lの範囲で考えるものとする。 5

① 濃度が0～0.7mg/Lの範囲では，濃度の増加にともない成長が促進される。
② 濃度が0.8～1.2mg/L付近では，濃度の違いによる成長促進効果に大きな差は見られない。
③ 成長が最も促進される濃度があり，それを超えると成長が抑制される。
④ 異なる濃度でも同じ程度の成長促進をもたらす場合がある。

問6 **実験2**の結果から考えられる，エンドウ芽生えの各測定部位に含まれるIAA量についての説明として最も適当なものを，次の①～⑤のうちから一つ選べ。 6

① 先端に含まれるIAA量は最も多く，茎のおよそ3倍である。
② 先端と根には，ほぼ同じ量のIAAが含まれる。
③ 根に含まれるIAA量は，茎のおよそ5倍である。
④ 根，先端，茎の順に，含まれるIAAの量は少なくなる。
⑤ 先端，茎，根の順に，含まれるIAAの量は少なくなる。

第３章 生物の環境応答  解答解説

12

A やや易 《骨格筋の構造》

◆ねらい◆缶詰のツナの顕微鏡観察標本を題材として，動物の刺激の受容と反応に関わる理解と，写真や図を活用して，情報を分析・解釈する力が問われている。

問１ 1 正解は④

筋原繊維を構成するアクチンフィラメントとミオシンフィラメントのそれぞれの存在部位と太さの違い，明帯・暗帯との関係の理解が問われている。（正答率 47.0％）

着眼点 基礎的知識をもとに，各フィラメントの配置の関係をつかむ。

下に図２の**ア**～**カ**を対応させた模式図を示す。

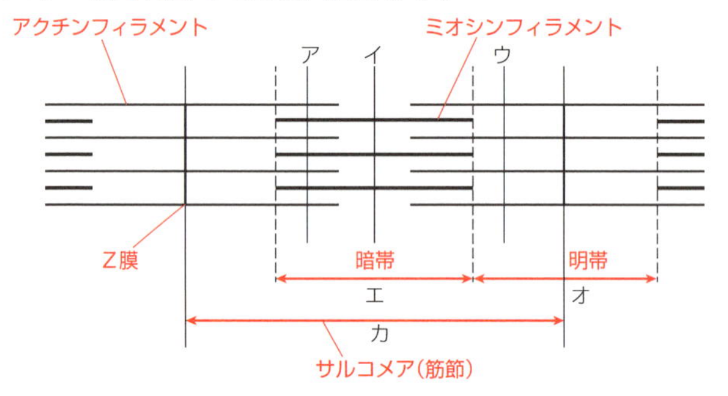

図２の**ア**の部位は，細いアクチンフィラメントと太いミオシンフィラメントの両方が存在しているため，最も暗くみえる。そのためこの状態に対応する図３の断面図の模式図としては，bが適当である。図２の**イ**の部位は太いミオシンフィラメントだけが存在していると判断できるので，図３の断面図としてはcが適当である。図２の**ウ**の部位は細いアクチンフィラメントのみが存在していると判断できるので，図３の断面図としてはaが適当である。

問２ 2 正解は⑥ （②，③のいずれかで部分正解）

筋肉の収縮時における，明帯・暗帯・サルコメアの長さの変化に関する問題である。（正答率：⑥５点 36.3％，部分正答率：②③２点 17.9％）

着眼点 筋収縮と各部位の長さの変化の関係性が理解できているかどうかが試される。

明帯はアクチンフィラメントのみが存在する部位である。一方，暗帯はアクチン

フィラメントに加えミオシンフィラメントも存在する部位であり，暗帯の長さはミオシンフィラメントの長さを示している。筋収縮が起こると，両フィラメント同士の重なりが増す。このとき，アクチンフィラメントのみからなる明帯（オ）は短くなる。また，Z膜とZ膜の間のサルコメア（筋節）（カ）も短くなる。一方，ミオシンフィラメントが存在する暗帯（エ）の長さは変化しない。したがって，骨格筋が収縮したときにその長さが変わる部分は，オ，カであり，⑥が正解である。

B 標準 《ヒトのエネルギー供給法》

◆ねらい◆持久走におけるヒトのエネルギー供給法を題材として，生物の呼吸に関わる理解と，初見の資料から必要なデータや情報を抽出・収集し，情報を分析・整理する力が問われている。

問3 3 正解は②

呼吸などによってエネルギーが取り出されるしくみに関して，データの正確な読み取りが要求される考察問題である。（正答率 36.9％）

着眼点 筋肉でのATP供給のしくみを理解しているかどうかが試される。

図4には，運動開始直後のATP供給法として用いられるのは，クレアチンリン酸の分解であることが示されている。クレアチンリン酸からATPの合成は，単一の酵素反応（クレアチンキナーゼ）により行われるので，ADPからATPを即座に産生することができる。したがって，スタートダッシュ時にクレアチンリン酸が用いられているのは，理にかなっている。その後，キの反応が起こっているが，これは酸素を用いない解糖によるものであると判断できる。解糖は呼吸よりも反応経路が短く，素早くATPを合成できる。しかし，持続的な運動において解糖だけでは十分なATPを得ることができないので，クの反応では酸素を用いた呼吸により多量のATPが供給されるようになると判断できる（下図）。呼吸は十分なATP産生までに解糖よりも多く反応段階を経るための時間を要するが，解糖と比較して同じ量のグルコースを基質とした場合，最大で19倍のATPを合成できる。

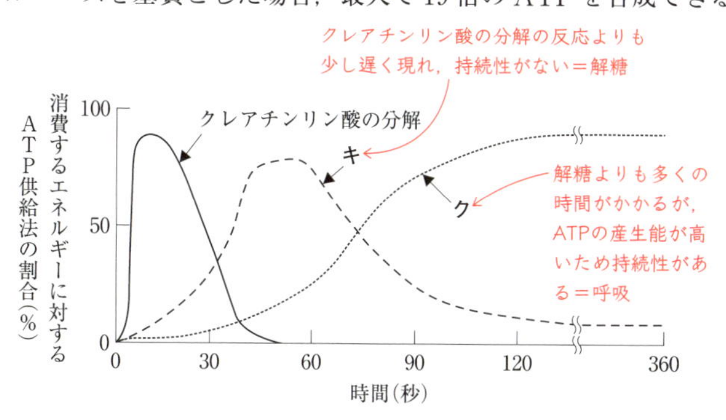

①正しい。キは解糖によるものであり，酸素を必要としない。

②誤り。キの解糖は細胞質基質で行われ，ミトコンドリアでは行われない。

③正しい。図4より，45秒後は解糖が盛んに行われている時間なので，解糖の産物である乳酸が生じているはずである。

④正しい。図4より，90秒後は主にクの呼吸によってATPが合成されるようになっている。呼吸（クエン酸回路・電子伝達系）はミトコンドリアで行われ，解糖よりも反応経路が長くATPが合成されるまでに多くの時間を要する。

⑤正しい。クの呼吸はキの解糖に比べて，同じ量のグルコースを基質とした場合，最大で19倍のATPを合成できる（解糖では1モルのグルコースから2モルのATPを得ることができるが，呼吸では1モルのグルコースから最大38モルのATPを得ることができる）。

⑥正しい。クの呼吸では，全体として以下の反応が起こる。

$$C_6H_{12}O_6 + 6O_2 + 6H_2O \longrightarrow 6CO_2 + 12H_2O + (\text{最大})\,38ATP$$

（左辺の水はクエン酸回路で消費され，右辺の水は電子伝達系で生成する）

13　標準　《ヒトの感覚，反応経路》

問1　1　正解は②

神経細胞の興奮（活動電位の発生）に関する知識問題である。

興奮が起きていないとき，神経細胞では細胞膜に存在するナトリウムポンプのはたらきによってK^+が細胞膜の外側よりも内側が高濃度に維持されている一方で，常に開いている電位非依存性K^+チャネルを介してK^+が細胞外に移動することで，細胞膜の内側が細胞膜の外側に対して相対的に負の電位をもった状態となっている（静止電位）。神経細胞に刺激が加えられると，電位依存性のNa^+チャネルが開き，Na^+が細胞内に流入することで細胞膜の内側が相対的に正の電位をもった状態となる。この電位変化が活動電位である。

問2　2　正解は⑥

視覚と皮膚感覚の中枢に関する知識問題である。

視覚の情報は，視神経によって大脳の視覚野（e）に伝えられる。視覚野は大脳の後部（後頭葉）に位置している。また，皮膚で生じた感覚刺激は感覚神経によって中枢である感覚野（d）に伝えられる。感覚野は中心溝の後側（頭頂葉）に位置している。なお，aは聴覚野（側頭葉に位置），bは言語野（前頭葉に位置），中心溝を隔ててdの前側に位置するcは随意運動の中枢である運動野（前頭葉に位置）である。

問3(1) 3 正解は③

光量調節の中枢に関する知識問題である。

眼球運動や瞳孔の大きさを調節する中枢は③中脳にある。「大脳を経由しないで興奮を伝える」とは反射のことであり，光量が変化したときに瞳孔の大きさが変わる反応を瞳孔反射という。①は大脳，②は間脳，④は小脳，⑤は延髄である。

問3(2) 4 正解は①・④

反射に該当する反応を判断する問題である。

反射は無意識に起こる反応であり，反射中枢（脊髄・延髄・中脳など）を経由する神経回路（反射弓）によって起こる。興奮の伝導と伝達に要する時間は大脳を経由する経路よりも短くなるため，刺激に対して反応が起こるのが早い。

①のくしゃみは，だ液の分泌や咳と同じ延髄反射の一つである。④は膝蓋腱反射とよばれる反応で，脊髄反射の典型例である。他の選択肢はいずれも，大脳が関与する複数の過程を含んでいるので誤りである。視覚で受容したものに対して「悲しい」「梅干し」「小銭」などの情報が認識・理解されている場合，それだけで大脳を経由しているはずなので②・③・⑤は誤りと判断できる。

問4(1) 5 正解は①

聴覚の検査に関する読み取り問題である。

Xの結果より，Aさんが聴き取れなくなったときの音叉の音は，聴覚の正常なBさんには聴こえる音量であったことから，Aさんの右耳の聴力が低下していることがわかる。また，Yの結果より，Aさんの左耳の聴力はBさんの聴力と差がないことがわかる。

問4(2) 6 正解は④・⑧・⑨

聴覚の異常に関する考察問題である。

音波は外耳道（図の⑤）を通って鼓膜（図の⑥）を振動させ，耳小骨（図の①）によって増幅され，うずまき管（図の④）内のリンパ液へと伝わり，基底膜上のコルチ器の聴細胞がおおい膜によって刺激され興奮すると，その興奮が聴神経（図の⑧）を経て聴覚中枢（図の⑨）に伝わる。

Zの検査結果において，額の中央にあてた音叉の振動は頭蓋骨を経て，内耳へと直接伝わる。つまり，音叉の振動は外耳道や鼓膜，耳小骨（図の①，⑤，⑥）を経由しないで伝わる。したがって，Aさんの右耳の聴力の低下の原因は，うずまき管を含み中枢側の部位（④，⑧，⑨）に異常があるためであると考えられる。また，②はからだの回転を受容する半規管であり，③はからだの傾きを受容する前庭である。

14 標準《チャバネゴキブリの配偶行動》

チャバネゴキブリの配偶行動を整理してみよう。

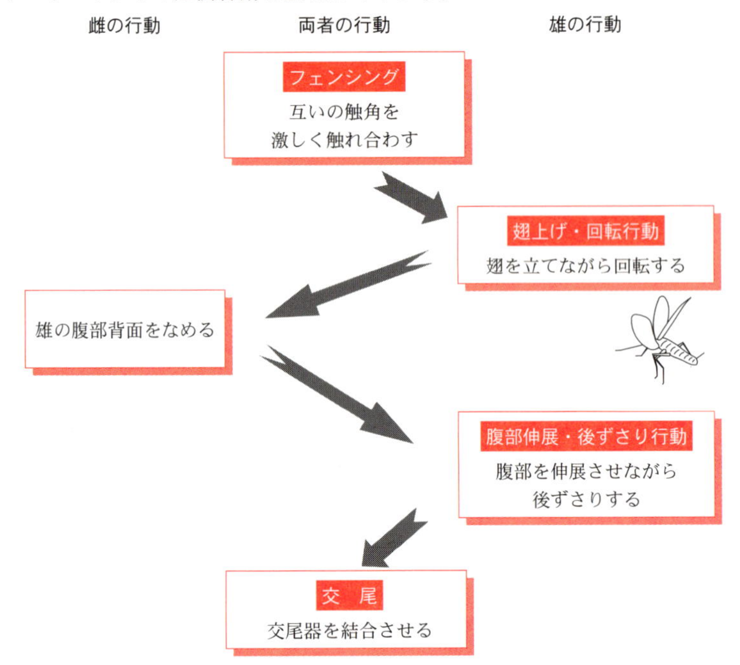

各実験から何がわかるのかを考えてみよう。

実験 1　雌の触角だけでも雄は「翅上げ・回転行動」をする。

→触角に「翅上げ・回転行動」を起こさせる何かがある。

→「翅上げ・回転行動」には雌のからだは必要ない。

実験 2　雌の触角をヘキサンで洗ったら雄の「翅上げ・回転行動」が起きなかった。

→**実験 1** と比較すると，触角にある雄の「翅上げ・回転行動」を起こすものはヘキサンで洗い流されてしまう化学物質である可能性が高い。触角の形などである可能性は低い。

→しかし，触角の形などが交尾行動を引き起こすという可能性を捨てきれない。例えば，**実験 2** ではヘキサンが雄の「翅上げ・回転行動」を抑制する物質なのかもしれない。

実験 3　雄の触角では雄の「翅上げ・回転行動」が起きない。

→雄の触角には，雄の「翅上げ・回転行動」を引き起こすものはない。

この実験単独ではあまり意味はないが，次に企画する実験の準備となる。

実験 4　筆で腹部背面を刺激すると雄の交尾行動が起きる。

→腹部背面への刺激は化学物質のようなものではなく，接触するという物理的な刺激によるものである。

問１　1　正解は③

動物の行動の種類を知っているかが問われている。

動物の行動は大きく「生得的な行動」と「学習」に分けられる。

生得的な行動……遺伝的に決まっており，誰からも教わらずにできる行動。つまり生まれつきできる行動のこと。

学　　　習……経験によって変化した行動。つまり，生まれたときにはみられずに生後獲得した行動のこと。

①**試行錯誤**的な行動とは，特にあてもなく様々な行動を次々ととることである。この問題の配偶行動のように決まった手順で行う行動ではない。

②**刷り込み**とは，例えば，カモなどのヒナがふ化後間もないときに見た動くもの（通常は親だが，実験的には動くオモチャでも可）に追従する行動などのことである。このときに刷り込まれた物体に一生愛着を示し，いったん刷り込まれたものは変更できないので，普通の学習と区別されてはいるが，学習による行動の一つである。

③リード文には「ふ化（＝卵から幼虫が出てくること）後単独で飼育された個体どうしでもこのような配偶行動が観察される」とあるので，生まれつきの行動，つまり**生得的な行動**であることがわかる。

④**学習**による行動とは生まれた後に獲得する行動である。

問２　2　正解は②

実験を計画できるかどうかという思考力が問われている。

「雄の翅上げ・回転行動を引き起こす直接の原因」を調べているのは**実験１～実験３**である。**実験１**と**実験２**から，次のことがわかっている。

（雌の触角に存在し，雄の翅上げ・回転行動を引き起こす直接の原因は，ヘキサンで洗い流されてしまう化学物質の可能性が高いが，確定できない。）

そして，**実験３**は単独ではあまり意味がないので，この**実験３**と比較して結論を得られるような実験を考えるとよい。

具体的には，雌の触角からヘキサンで取り出した物質を雄の触角に塗って，あとは**実験３**と同様な実験を行う。これで雄の「翅上げ・回転行動」が起きれば，「雄の翅上げ・回転行動を引き起こす直接の原因」は雌の触角にあるヘキサンで洗い流される物質であることがわかる。

実験3

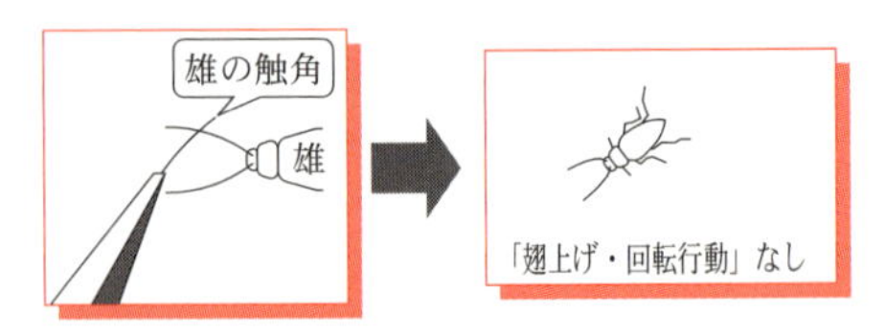

「雄の翅上げ・回転行動を引き起こす直接の原因」を調べる実験

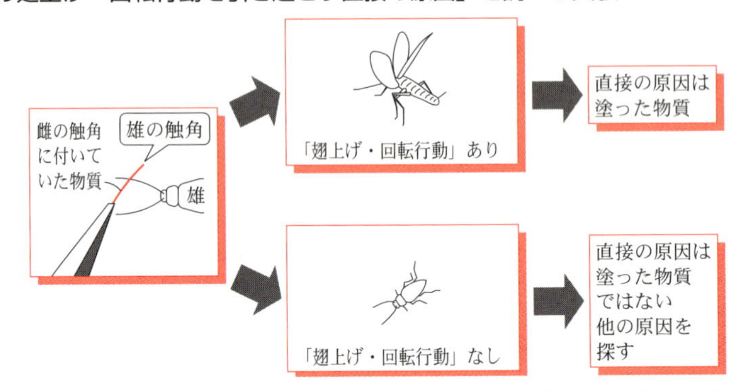

①不適。本問の実験では，触角が1本か2本かは問題になっていない。また，この実験の結果，雄の「翅上げ・回転行動」が生じても生じなくても，「雄の翅上げ・回転行動を引き起こす直接の原因」が何なのかつきとめられない。

②適当。この実験の結果，「翅上げ・回転行動」が起きれば，「雄の翅上げ・回転行動を引き起こす直接の原因」は，「雌の触角のヘキサン抽出液」すなわち，もともと雌の触角に付いていた物質だということになる。

③・④不適。これらの選択肢は，空気中を漂って雄を引きつける性フェロモンの存在を調べることを意識していると思われる。本問の実験は触角どうしを直接触れ合わせているので，空気中の物質は関係ない。

問3　3　正解は②

実験結果を正しく解釈できるかどうかという思考力が問われている。

実験4から，腹部背面への刺激は化学物質のようなものではなく，接触するという物理的な刺激によるものであることがわかる。

①不適。「化学成分を感知して」行動を起こすのであれば，**実験4**で述べられているように「小さな筆で刺激すると，雄は腹部を伸ばしながら後ずさりした」という結果はおかしい。小さな筆に腹部伸展・後ずさり行動に必要な化学物質が付いているとは考えられない。

②適当。「雌がなめる」のと「小さな筆で刺激する」のとで同じ行動を起こすのであるから，両者に共通しているのは，「接触するという刺激」だと考えられる。

③**不適**。「小さな筆で刺激」してもこの行動が起きるのであるから，「雌の体表から揮発しているフェロモンを感じ取り，雌の存在を確認すること」が必要とは考えられない。

④**不適**。**実験４**では「**実験１**に引き続き」と断っているので，**実験４**は翅上げをしている雄で行っている。翅上げをしていない雄に「小さな筆で刺激する」という実験は紹介されていないので，どうなるか判断できない。また，一般に交尾の前に行う雄と雌の一連の行動（配偶行動）は，１つずつステップを踏んでいく必要があり，そのステップをとばすことはできない。このことから，断定はできないが，おそらく「翅上げをしていない雄を小さな筆で刺激する」という実験を行っても，雄は反応を示さないだろう。さらに，ゴキブリの腹部背面は通常翅によって覆われており，翅上げをしていない雄の腹部背面を小さな筆で刺激することはできないと思われる。

問４　4　正解は④

実験結果を正しく解釈できるかどうかという思考力が問われている。

この実験がいわゆる本能についての実験であり，本能は一連の反射から成り立つということを知っていても解ける。

①**不適**。**実験１**や**実験４**から，雌個体そのものは必要ではないことがわかる。

②**不適**。この実験では触角どうしを直接触れ合わせているので，配偶行動を引き起こすことのできる化学物質が大気中に拡散しているかどうかは判断できない。

③**不適**。視覚情報が必要であれば，**実験１**や**実験４**で配偶行動が生じたことが説明できない。

④**適当**。**反射**とは特定の刺激に対して，単純な決まった反応をすること。例えば，熱いものに触ったときに手を引っ込めるというような反応のことである。反射は生得的なものであり，そう反応するようにからだが設計されていると考えてもよい。配偶行動は生得的な行動であり，複数の反射が組み合わさったものである。

15　《頂芽優勢（植物ホルモン）》

リード文にあるように，茎の先端の芽を**頂芽**といい，それ以外の芽を**側芽**という。頂芽はオーキシンを生産しており，そのオーキシンは根端に向かって運ばれる。オーキシンは，側芽の成長を抑制するはたらきがあるので，頂芽がオーキシンを生産している間は側芽の成長は抑えられる。これを**頂芽優勢**という。

しかし頂芽を取り去ってしまうと，オーキシンの生産が止まり，側芽の成長が始まる。側芽が成長すると頂芽が存在していたときと同様にその下の側芽の成長は抑えられる。

頂芽を取り去った後に，オーキシンを切り口から与えると，頂芽があるときと同様に側芽の成長は抑えられる。

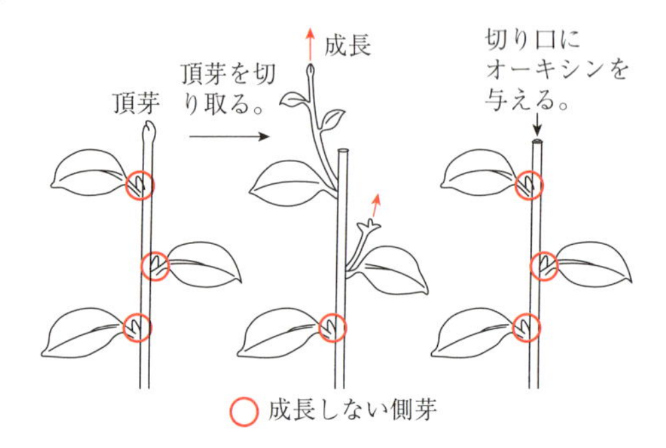

○ 成長しない側芽

また，植物ホルモンの中で，サイトカイニンはオーキシンの側芽の成長抑制を解除して，側芽の成長を促進することができる。

問1　1　正解は⑤

実験の結果を整理できるかどうかを問う基本的な実験考察問題である。

実験結果を整理してみると以下のようになる。

（実験1）

まず頂芽を切除している。頂芽を切除すればオーキシンの生産が止まるので，側芽の成長が始まる。だから蒸留水の結果は○となっている。しかし試験液Xだけは×となっている。つまり試験液Xは頂芽を切除していないのと同じ状態にするということである。なお，頂芽を切除した後，側芽の成長を抑えることができるのは，切り口からオーキシンを与えたときである。試験液Xだけが側芽の成長を抑制しているので，これが**オーキシン**だとわかる。

（実験2）

頂芽が存在しているにもかかわらず，側芽が成長しているのは試験液Zを与えたときのみである。なお，側芽に与えてその成長を促すことができるのは，植物ホルモンのうちサイトカイニンだけである。試験液Ｚだけが，側芽の成長を促進しているので，これが**サイトカイニン**であることがわかる。

これらの実験で注目すべきポイントは「蒸留水とは異なる結果をもたらした試験液はどれか」ということである。**実験１**では試験液Ｘ，**実験２**では試験液Ｚである。試験液Ｘは側芽の成長を抑制，試験液Ｚは側芽の成長を促進する（＝成長抑制を解除する）ものとわかる。この２点が同時に記述されているのは⑤である。

問２　2　正解は②

表からデータを読み取って移動速度が求められるかを問う計算問題である。

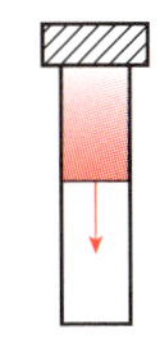

右のような与え方をした場合，最も濃い部分が先頭になって進むことが考えられる。したがって，表２のなかでそれぞれの時間においてＸの量が最大のとき，Ｘがその場所に到達したと考えてよい。

表２でみてみると，**イ**では30分後，**ウ**では60分後，**エ**では90分後，**オ**では120分後にＸが到達したことがわかる。

それぞれの間の距離は0.5cmと示されているので，30分で約0.5cm，つまり**１時間で約１cm**進んでいることがわかる。

問３　3　正解は⑥

植物ホルモンのはたらきについての知識問題である。

側芽に与えてその成長を促すことができるのは，植物ホルモンのうちサイトカイニンだけである。そのことを知っていたら，Ｚが**サイトカイニン**であることがわかる。サイトカイニンには設問文にあるように葉の老化を抑制するはたらきがある。

Ｙについては，蒸留水と同じ結果であり，側芽の成長抑制と成長促進には関わらない物質だということしか**実験１・２**からは判断できない。設問文中に「種子の発芽を抑制するはたらき」とあるから，この物質が**アブシシン酸**であることがわかる。なお，ジベレリンは種子の発芽を促進する物質である。

16)  《オオムギの発芽，植物ホルモン》

問1　1　正解は⑥　　2　正解は①

種子発芽に関与する植物ホルモンをグラフから判断する知識・読み取り問題である。

オオムギの種子を十分に吸水させると発芽が起こる。このとき，まず胚でジベレリンの合成が起こる。よって，吸水後1日から2日に急激に増加する植物ホルモンaは⑥ジベレリンである。一方，吸水後急激にその濃度が低下している植物ホルモンbは種子を休眠させるホルモンである①アブシシン酸であると考えられる。

問2　3　正解は③　　4　正解は④

植物ホルモンが作用した結果を表すグラフを選ぶ問題である。

ジベレリンである植物ホルモンaが糊粉層に作用すると，アミラーゼ遺伝子の転写が起こる。よって，植物ホルモンaの作用によってアミラーゼmRNA量はグラフ③のように増加すると考えられる。一方，アブシシン酸である植物ホルモンbではアミラーゼ遺伝子の転写は起こらない。よって，植物ホルモンbの作用ではアミラーゼmRNA量はほとんど変化せずグラフ④のようになると考えられる。

問3　5　正解は②　　6　正解は⑤　　7　正解は⑤
　　8　正解は⑤　　9　正解は①

オオムギ種子の発芽時の代謝に関する実験考察問題である。

1．5　吸水後のジベレリン量（問1のグラフa）は約1日後から増加し始め2日目にピークを示しており，また，ジベレリン処理後のアミラーゼmRNA量は約10時間後から急速に増加し20時間後頃から最大値をとるようになる。さらに，アミラーゼmRNAの翻訳には3時間ほどかかるとあるので，実際にアミラーゼがはたらきデンプンが分解され始めるのは最短でも，ジベレリン合成開始までの1日，ジベレリン投与からアミラーゼmRNA合成までの20時間，翻訳までの3時間の合計である2日弱を要すると判断できる。よって，吸水から2日目の少し手前からデンプン減少が始まる②のグラフが適当である。

2．6　植物ホルモンbはアブシシン酸であると考えられるので，アミラーゼ合成は起こらず，デンプン減少が起こらない。よって，⑤のグラフが適当である。

3・4．7・8　ジベレリンは糊粉層に作用してアミラーゼmRNAの転写を促進する。よって，糊粉層を取り除いたオオムギ種子でアミラーゼ合成は起こらず，デンプン減少が起こらない。したがって，⑤のグラフが適当である。

5．9　吸水した種子は，まずジベレリン合成に1〜2日を要するが，植物ホルモンa（ジベレリン）をあらかじめ与えれば，ジベレリン合成の必要がない。したがって，与えたジベレリンが糊粉層からのアミラーゼmRNAの転写を速やかに促進し，短時間でデンプン減少が起こり始める①のグラフが適当である。

17 標準 《花芽形成，植生の分布，物質収支》

◆ねらい◆植物の環境応答や生態と環境などの理解と，植物の生育環境を推定させることなどを通じて，多様な視点から情報を整理・統合する力とともに，グラフ等を分析・解釈した結果を組み合わせるなど，考察する力が問われている。

問１ 1 正解は④

植物の光周性について，日長の年間変動のデータから，有用情報を抽出して比較・分析する問題である。（正答率 22.6％）

着眼点 表１の開花時期と，図１の日の出・日の入りなどの情報から限界暗期を推定する力が試されている。

表１より，脇に屋外灯がない花壇ａでは，2015 年６月１日に種子をまいたものも，2015 年 10 月 15 日に種子をまいたものも，ともに翌年の 2016 年４月 15 日に花芽形成がみられた。このことから，植物Ｘは，日が長くなる（暗期が短くなる）過程で花芽形成する長日植物であることがわかる。植物Ｘが限界暗期よりも暗期が短くなったことを感知して実際に花芽形成が起こるまでには，いくらかの日数を要すると考えられるので，仮に４月初め頃に暗期の長さが限界暗期よりも短くなったとすると，日の入りがおよそ 18：00，日の出が５：30 なので，暗期の長さは約 11 時間 30 分である。したがって，**植物Ｘは暗期の長さが約 11 時間 30 分よりも，短くなると花芽形成を行うようになる長日植物**であると判断できる。

また，脇に屋外灯がある花壇ｂの結果についても確認すると，2015 年６月１日に種子をまいたものも，2015 年 10 月 15 日に種子をまいたものも，ともに翌年の 2016 年３月 10 日に花芽形成がみられた。仮に２月末か３月初め頃に暗期の長さが限界暗期よりも短くなったとすると，屋外灯の点灯が終わるのが 19：00，日の出がおよそ６：15 なので，暗期の長さは約 11 時間 15 分である。したがって，限界暗期は 11 時間よりも長いと推定できる。よって④が正答である。

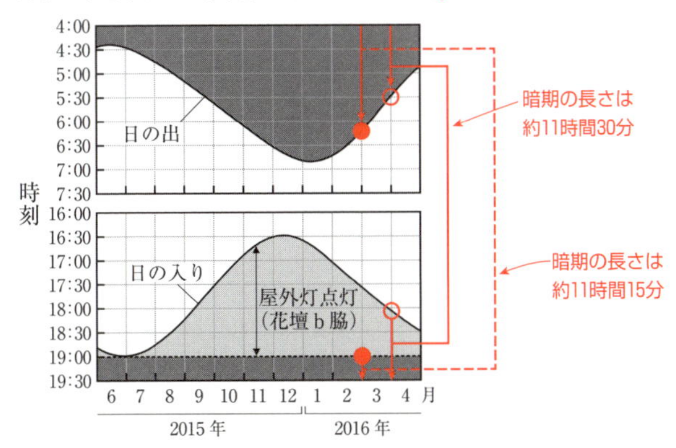

問2　2　正解は①

日長と気温の年間変動のデータから，有用な情報を抽出し，植物Xの花芽形成と温度との関係について考察する問題である。（正答率 68.7%）

着眼点　植物Xの種子をまいた時期が異なっても，最初に花芽形成がみられる時期に違いがないということの意味を判断する力が試されている。

まず，植物Xの種子を 2015 年 6 月 1 日に花壇 a にまいた場合に注目してみる。種子が発芽してすでに葉が展開している可能性が高いと考えられる 8 月初めの暗期は約 10 時間である。この 8 月の暗期は 11 時間強の限界暗期よりも短いにもかかわらず花芽形成が起こっていないことから，植物Xは日長のみに反応して花芽形成をするわけではないことがわかる。図 2 に記されている気温の変化の情報もあわせて考慮すると，植物Xは一定期間低温を経験（春化という）し，その後，暗期が限界暗期よりも短くなったという情報を受容して花芽形成を開始すると判断できる。

①適当。植物Xは低温を一定期間以上経験してはじめて，花芽形成を行うことができるようになると考えられる。

②不適。低温を経験していないことが前提となるのであれば，2015 年 6 月 1 日に種子をまいた場合は，その年の夏に花芽形成するはずであるが，実際は低温の冬を経た翌年の春に花芽形成している。

③不適。高温を一定期間以上経験していることが前提となるのであれば，2015 年 6 月 1 日に種子をまいた場合は，その年の夏または秋に花芽形成するはずであるが，実際は翌年の春に花芽形成している。

④不適。高温を経験していないことが前提となるのであれば，2015 年 6 月 1 日に種子をまいた場合は，花芽形成が起こらないはずであるが，実際は高温の夏を経て翌年の春に花芽形成している。

⑤不適。植物Xは低温を一定期間以上経験してはじめて，花芽形成を行うことができるようになるので，過去に経験した温度は花芽形成に影響するはずである。

18

A やや難 《花芽形成と光周性》

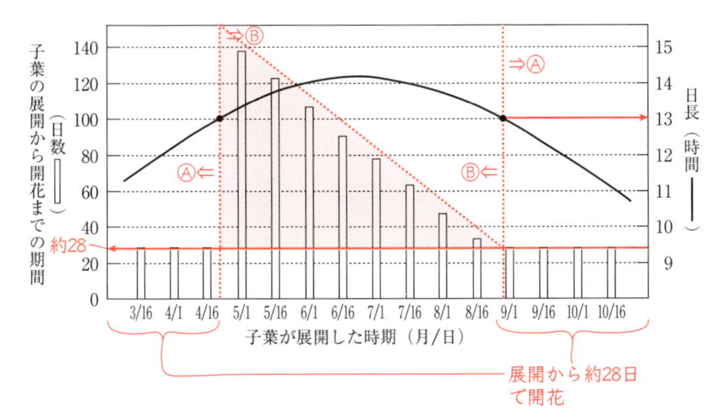

図1のグラフは，日長13時間を境にして，2つの時期に分かれている。

まず，**Ⓐ日長が13時間よりも短い時期**（4/16以前と9/1以降）は，子葉の展開後は常に一定の日数（約28日後）で開花している。次に，**Ⓑ日長が13時間よりも長い時期**（5/1～8/16）は，子葉の展開から開花までの日数が大きく変化している。5/1が最も長く，あとは一定の割合で短くなっていく。

このグラフにどのような規則性があるのかは，**問1**がヒントになっている。**問1**を解いてよく考えると，5/1～8/16に子葉が展開した個体はほぼ同じ日に開花することに気がつく。

つまり，日長が13時間以上の期間は花芽形成がしばらく行われず，日長が再び13時間より短くなる日から約28日後に花芽形成が始まるようになっているのである。グラフにされるとかえってとまどうが，「短日植物は限界暗期以下の暗期では花芽形成が起きない」ということを，子葉の展開から開花までの日数というグラフにしたということが理解できれば簡単である。

問1　1　正解は③

グラフを読み取る力を問う問題である。

単純にグラフを読み取って計算するだけである。グラフから，子葉の展開から開花までの日数は次のように読み取れ，開花の日も計算できる。

ア（5月16日）……　約123日後の9月16日頃
イ（6月16日）……　約92日後の9月16日頃
ウ（7月16日）……　約62日後の9月16日頃
エ（9月16日）……　約28日後の10月14日頃

棒グラフの目盛りはおおよそしか読み取れないので，選択肢の中から最も近い③を選ぶ。

問2　2　正解は②

グラフからデータを読み取り，調査の結果を考察する力を問う問題である。

①**不適**。上で解説したように，このグラフから日長と開花までの日数には関係があることがわかる。

②**適当**。上で解説したように，子葉の展開から開花までには約28日の日数が必要であり，日長が13時間を超えるとそれ以上の日数が必要になるので，日長の影響を受けている。

③・④**不適**。3/16～4/16の間では日長が長くなっても開花までの日数に変化はない。

問3　3　正解は⑥

グラフからデータを読み取り，植物の性質を推察する力を問う問題である。

グラフから，明期の長さが13時間を超えると花芽形成が起こらないことが読み取れる。つまり，この植物は**暗期の長さが11時間以上のときに花芽形成が起こる，短日植物**である。したがって，⑥が適当である。

B　標準　《植物ホルモン》

問 4　4　正解は②

オーキシン（IAA）の移動と作用に関する知識を問う問題である。

この実験の場合，光は当たっておらず，横倒しにもなっていないのでIAAの水平方向への移動はない。寒天片から出たIAAは真下に移動し，そこで成長を促進させるので，茎は寒天片がのっていない側に屈曲する。②が適当。

問 5　5　正解は③

グラフを読み，実験の結果を正しく理解できるかを問う問題である。

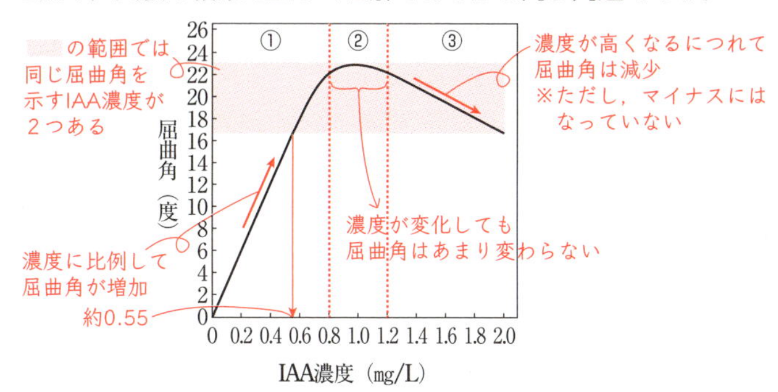

グラフがどうなっているかを見てみよう。IAA濃度が0～0.8mg/Lの間（①）はIAA濃度と屈曲角が比例の関係にある。つまり，IAA濃度が2倍になれば屈曲角も2倍になるという関係になっている。しかし，1.0mg/L付近を頂点にして，それ以後はIAAの濃度が高くなればなるほど屈曲角は小さくなっていく。

ただし，このグラフに示されている範囲では，IAAによっていずれも屈曲が起きており，あくまで成長が促進されているということには違いがないことに注意しよう。

①**正文**。上のグラフ①の範囲では，IAAの濃度に比例して成長が促進されている。

②**正文**。上のグラフ②の範囲では他の範囲と比べて最も成長が促進されているが，その促進の程度はあまり変化していない。

③**誤文**。成長が最も促進される濃度は1.0mg/L付近で，それを超えると成長が促進される程度は減少している（上のグラフの③の範囲）。しかし，促進の程度が減ってはいるものの，抑制はされていない。

④**正文**。上のグラフ　　の範囲，つまりIAA濃度が約0.55mg/L以上では，同じ成長促進の程度を示すIAAの濃度が2カ所ある。

問6　6　正解は①

実験結果の表とグラフから，得られたデータを正しく解釈できるかを問う問題である。

生物体の抽出液に含まれているIAA濃度を，**実験1**と同じ手順でアベナの屈曲角から推定しようとする実験である。気をつけなくてはならないのは，IAA濃度が0.55mg/L以上だった場合，2つのIAA濃度が同じ屈曲角を示すので，そのままではどちらの濃度だったのかを決められないことである。

そこで，**実験2**では2倍に薄めた抽出液でも測定を行うことにより，2つある候補のうち，いずれかの濃度に決定しようとしているのである。

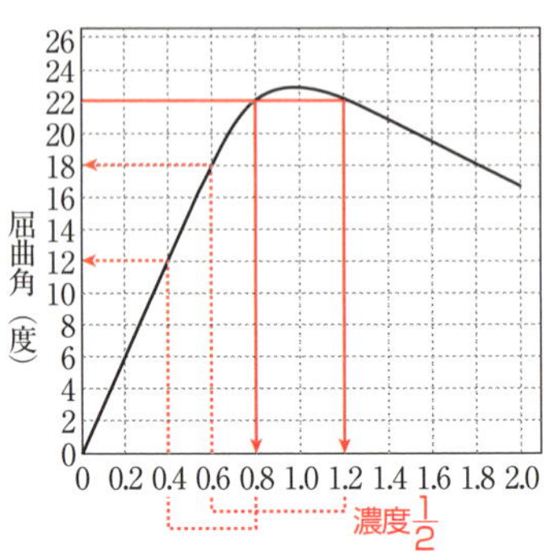

先端の屈曲角をみてみよう。抽出液の測定では屈曲角が22°であった。**実験1**のグラフをみると，22°を示すIAA濃度には0.8mg/Lと1.2mg/Lの2つがある。もし，先端の抽出液の濃度が0.8mg/Lだったとしたら，2倍に希釈した場合の濃度は0.4mg/Lとなり，屈曲角は12°になるはずであるし，もし，1.2mg/Lだったとしたら，2倍に希釈した場合の濃度は0.6mg/Lとなり，屈曲角は18°になるはずである。

そこで，実際に2倍に希釈したときの屈曲角を表1でみてみると，18°なので，先端抽出液のIAA濃度は1.2mg/Lであると求められる。同様にして，茎，根のIAA濃度をグラフと表から求めると，茎は0.4mg/L，根は0.8mg/Lであることがわかる。

① **適当**。IAA濃度は「先端」が1.2mg/L，「茎」が0.4mg/L，「根」は0.8mg/Lなので，IAA量は先端が最も多く，茎のおよそ3倍である。

② **不適**。IAA濃度は「先端」が1.2mg/L，「根」は0.8mg/Lなので，IAA量がほぼ同じ量とはいえない。

③ **不適**。IAA濃度は「茎」が0.4mg/L，「根」は0.8mg/Lなので，根に含まれるIAA量は茎のおよそ2倍であり，5倍ではない。

④・⑤ **不適**。IAA濃度は「先端」が1.2mg/L，「茎」が0.4mg/L，「根」は0.8mg/Lなので，IAA量が少なくなる順番は，先端，根，茎となる。

第４章　生態と環境　指針

分野の特徴

2014年度以前の教育課程ではセンター試験の出題範囲外である「生物Ⅱ」に分類されていたため，センター試験では2015年度入試から本格的に出題されるようになった分野である。2021年度共通テストでは他分野に比べて多く出題された。個体群と物質収支をテーマとした出題が続いており，他分野との関連づけもみられる。「生物基礎」の「生物の多様性と生態系」（植生の多様性と分布，生態系とその保全）の知識を前提とした分野であり，「生物基礎」の内容を含む出題も考えられるので，基本的知識の確認を十分に行っておくことが重要である。

● 個体群と生物群集

2021年度共通テストでは外来生物の導入における個体群密度や在来生物の形態の変化に関する実験考察問題が出題された。2020年度センター本試験では社会性昆虫における種内関係と種間関係の考察問題，2019年度本試験では齢構成の考察問題と種間関係の考察問題が出題された。表やグラフで与えられたデータをもとに計算や考察をさせる問題が多く出題されている。表やグラフを使った計算問題・考察問題には十分に慣れておこう。また，動物の行動や進化と関連させた実験考察問題も出題される可能性がある。

● 生態系

2021年度共通テスト本試験第１日程では生産構造図についての考察問題，第２日程では生態系における物質収支についての計算問題が出題された。また，生物多様性とその保全をテーマとして他分野と関連づけた出題が考えられる。ニュースなどでも目にすることがある分野であり，広く関心をもって知識を身につけておきたい。また，「生物基礎」の「生物の多様性と生態系」と内容が一部重複しているので，「生物の多様性と生態系」で学習する内容も簡単に確認しておこう。

● 生物の多様性と生態系（生物基礎）

植生と遷移については，陽生植物と陰生植物の特徴の違い，一次遷移と二次遷移の違い，遷移に伴う相観の変化などについて，典型的な植物種とともに確認しておこう。気候とバイオームについては，それぞれの特徴と代表的な植物名について整理して覚えておきたい（第２回プレテストではバイオームの特徴を問う問題が出題された）。生態系と物質循環については，物質とエネルギーの流れを正確に理解しておこう。

第４章　生態と環境

演習問題

19　第１回プレテスト　第１問

次の文章を読み，下の問い（問１～３）に答えよ。
〔解答番号 １ ～ ３ 〕

ナオキさんとサクラさんは，干潮時に河川の下流部の岸辺近くに現れた干潟の生物調査を行った。干潟は砂でできており，その表面には(a)直径 2～3mm の小さい穴が多数見られ，この穴には生物が生息していることがわかった。

問１　下線部(a)に関連して，干潟の砂の中にいる生物の密度や分布を調べるには，方形枠が用いられる。次の表１は，この干潟に３種類の大きさの方形枠を重ならないようランダムに 10 個ずつ置いたときに，その中にいたある生物の個体数を示したものである。表１から推察される，この生物の個体の分布を示す図として最も適当なものを，下の①～⑨のうちから一つ選べ。 １

表　1

5 cm 四方	1	0	2	0	3	1	1	0	0	2
10 cm 四方	5	3	1	4	8	2	5	4	3	0
20 cm 四方	16	18	17	12	14	15	13	15	18	19

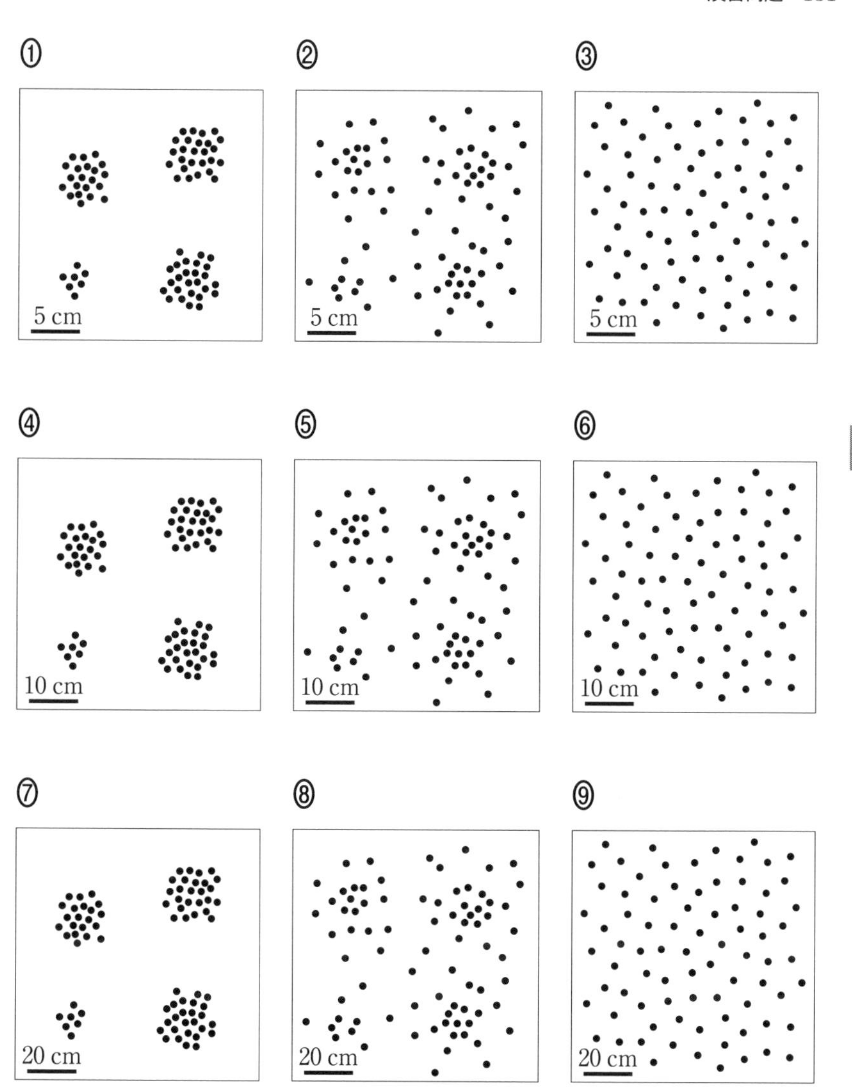

問2　下線部(a)に関して，ナオキさんとサクラさんがこれらの穴に生息している生物を採集して図鑑で調べたところ，ゴカイの一種であることがわかった。そこで，このゴカイの生息密度と成長の関係を調べるために，次の**実験1**を行ったところ，下の表2の結果が得られた。**実験1**の結果から導かれる考察として適当なものを，下の①～⑥のうちから二つ選べ。 2

実験1　体重が350〜500mgのゴカイ（小型個体）と700〜1000mgのゴカイ（大型個体）を多数用意し，同じ量の砂を入れた8個の同じ形・大きさの容器に，小型個体または大型個体をそれぞれ3匹，7匹，15匹，または30匹入れた。各容器にそれぞれ同じ量の餌を入れて飼育し，14日後に再び各個体の体重を測定して，成長の目安として1日当たりの体重増加量を求めた。

表　2

個体の大きさ	容器当たりの個体数	ゴカイの平均体重(mg/個体)		1日当たりの体重増加量(mg/個体)
		実験前	実験後	
小型個体	3	442	1506	76
	7	449	1300	61
	15	409	987	41
	30	435	813	27
大型個体	3	873	1727	61
	7	833	1639	58
	15	813	1303	35
	30	867	1025	11

①　小型個体は生息密度が高いほど成長が遅いが，大型個体は生息密度が低いほど成長が遅い。

②　大型個体は生息密度が高いほど成長が遅いが，小型個体は生息密度が低いほど成長が遅い。

③　小型個体も大型個体も，生息密度が高いほど成長が遅い。

④　どの生息密度でも，小型個体よりも大型個体の方が成長が遅い。

⑤　どの生息密度でも，大型個体よりも小型個体の方が成長が遅い。

⑥　どの生息密度でも，小型個体と大型個体の成長速度は同じである。

問3　ナオキさんとサクラさんは，このゴカイの発生過程を顕微鏡で観察した。次のⓐ〜ⓕの図は，そのときのスケッチとメモである。これらを発生の順に並べたらどうなるか。並べ方として最も適当なものを，下の①〜⑧のうちから一つ選べ。
3

ⓐ

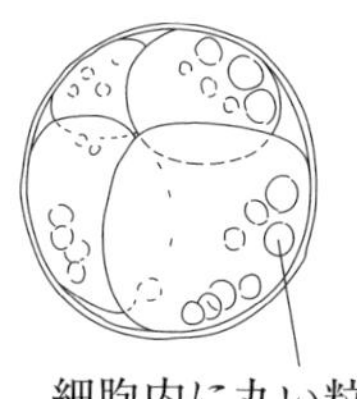
細胞内に丸い粒

ⓑ

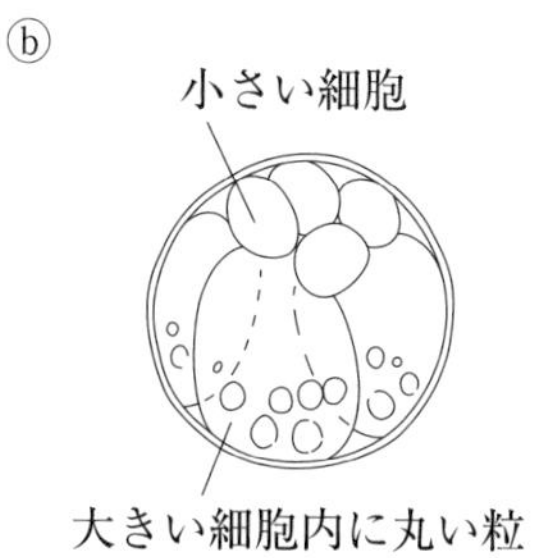
小さい細胞
大きい細胞内に丸い粒

ⓒ

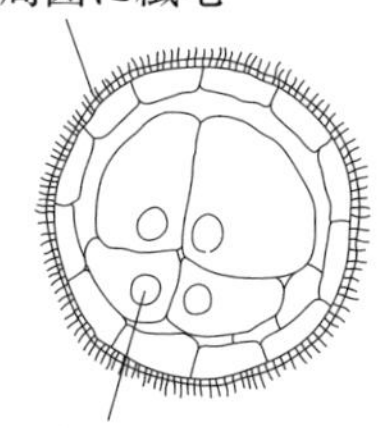
周囲に繊毛
内側の大きい細胞内に丸い粒

ⓓ

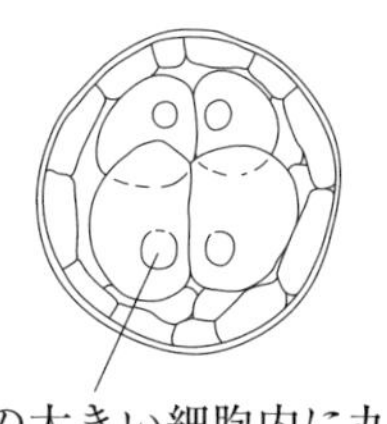
内側の大きい細胞内に丸い粒

ⓔ

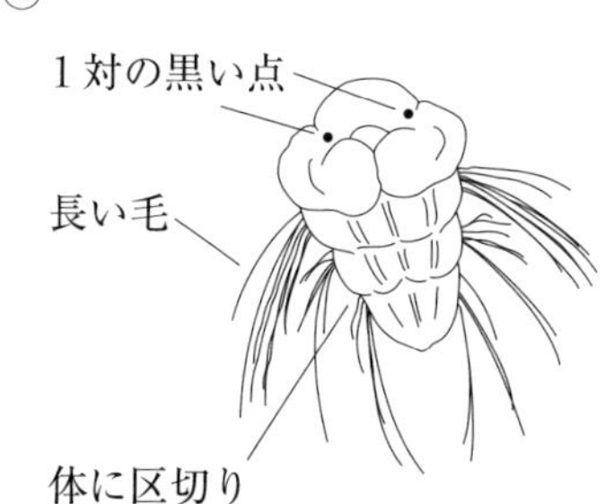
1対の黒い点
長い毛
体に区切り

ⓕ

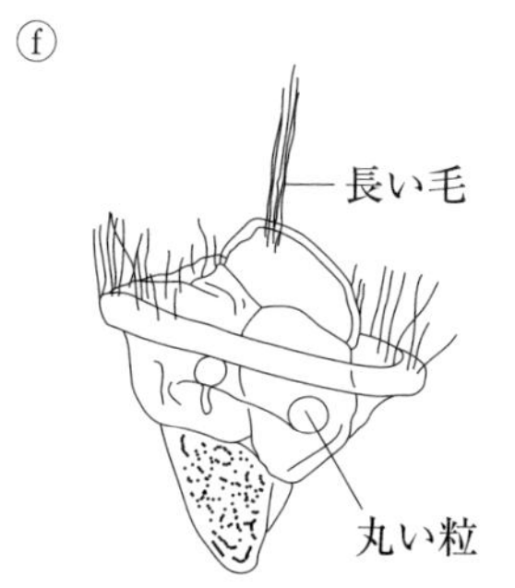
長い毛
丸い粒

① ⓐ→ⓑ→ⓒ→ⓓ→ⓔ→ⓕ
② ⓐ→ⓑ→ⓒ→ⓓ→ⓕ→ⓔ
③ ⓐ→ⓑ→ⓓ→ⓒ→ⓔ→ⓕ
④ ⓐ→ⓑ→ⓓ→ⓒ→ⓕ→ⓔ
⑤ ⓑ→ⓐ→ⓒ→ⓓ→ⓔ→ⓕ
⑥ ⓑ→ⓐ→ⓒ→ⓓ→ⓕ→ⓔ
⑦ ⓑ→ⓐ→ⓓ→ⓒ→ⓔ→ⓕ
⑧ ⓑ→ⓐ→ⓓ→ⓒ→ⓕ→ⓔ

20　第２回プレテスト　第４問

次の文章を読み，下の問い（問１～５）に答えよ。
〔解答番号［ 1 ］～［ 6 ］〕

ある市郊外の広大な草原に生息しているリス科の小動物(以下，リス)は，この地方の象徴として愛されている。先頃，草原の近くに商業施設を誘致し，生息地を分断して道路を建設する計画が持ち上がった。「豊かな財政と高い生物多様性を市にもたらす」が公約の市長は難しい判断を迫られることになった。「分断しても全体の面積はほとんど変わらないが，分断によって，(a)生息地が細分化されたり，(b)個体群が小さな集団に分けられたりするだろう。このまま計画を進めても大丈夫だろうか」と懸念した市長は，調査官としてあなたを招き，リスの個体群の状態と生息地の分断の影響について，調査を依頼した。次の表１は，あなたが調査した結果をもとに作成したリスの生命表である。ただし，６歳以上の個体はいなかった。なお，表１ではオスとメスを区別せずに示している。

表　1

x：年齢	N_x	ℓ_x	p_x	m_x	$\ell_x m_x$
0	180	1.00	0.25	0.0	0.000
1	45	0.25	0.60	1.1	0.275
2	27	0.15	0.59	2.1	0.315
3	16	0.09	0.56	2.2	0.198
4	9	0.05	0.56	2.5	0.125
5	5	0.03	0.00	2.9	0.087
合計	282			10.8	1.000

N_x　：x 歳の初めの個体数

ℓ_x　：N_x/N_0，０歳の初めの個体数に対する x 歳の初めまで生存した個体数の比率

p_x　：N_{x+1}/N_x，x 歳の初めから$(x+1)$歳の初めまでの生存率

m_x　：x 歳の個体が産んだ子の平均数

$\ell_x m_x$：ℓ_x と m_x の積

問 1 表1の $\ell_x m_x$ から推定される，リスの個体群の大きさの変化に関する記述として最も適当なものを，次の①〜⑥のうちから一つ選べ。 1

① ほとんど変化していない。

② 急激に増加している。

③ 急激に減少している。

④ 年ごとに増加と減少を繰り返し，その振れ幅は年々増加している。

⑤ 年ごとに増加と減少を繰り返し，その振れ幅は年々減少している。

⑥ 一度増加した後に，減少に転じている。

問 2 表1のデータをもとに描いたリスの生存曲線として最も適当なものを，次の①〜⑥のうちから一つ選べ。 2

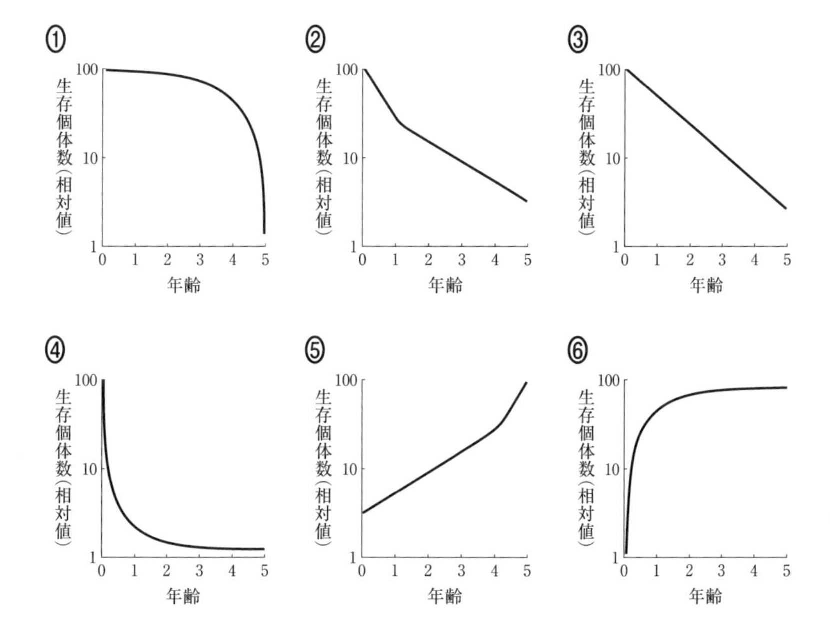

問 3　下線部(a)に関連して，次の生態学的な指標ⓐ～ⓒのうち，リスの生息地が分断されて小さくなるほど減少すると考えられる指標はどれか。それらを過不足なく含むものを，下の①～⑦のうちから一つ選べ。 3

ⓐ　各生息地のリスの個体群の環境収容力(ある環境が維持できる個体数の上限)

ⓑ　各生息地内のリスの捕食者の個体数

ⓒ　各生息地内の生息環境の多様性

① ⓐ　② ⓑ　③ ⓒ　④ ⓐ，ⓑ
⑤ ⓐ，ⓒ　⑥ ⓑ，ⓒ　⑦ ⓐ，ⓑ，ⓒ

問 4　下線部(b)に関連して，生息地が分断されて個体群が小さくなることで，絶滅のリスクが上昇する理由として適当なものを，次の①～⑤のうちから二つ選べ。ただし，解答の順序は問わない。 4 ・ 5

① 近親交配に伴う ℓ_x の上昇
② 近親交配に伴う m_x の低下
③ 偶然に個体数がゼロになる確率の上昇
④ 種間競争の緩和による競争排除の減少
⑤ 共倒れ型の種内競争の激化

問 5　下線部(b)に関連して，世代の経過とともに各小集団の遺伝子型の構成が変化することで，遺伝的多様性に影響する場合を考える。次の図 1 は，ある集団から無作為に抽出した 20 個体について，ある遺伝子座の遺伝子型の構成を塩基配列で表している。この集団が多くの小集団に分断され，それ以降多くの世代が経過したとする。その時点で無作為に複数の小集団について調べたときに，各小集団の遺伝子型の構成として現れる**可能性が最も低いもの**を，下の①〜④のうちから一つ選べ。ただし，これらの遺伝子型は，自然選択に対して中立であるものとする。 6

個体 1	...ACG**S**AAT...	個体 11	...ACG**C**AAT...
個体 2	...ACG**S**AAT...	個体 12	...ACG**G**AAT...
個体 3	...ACG**C**AAT...	個体 13	...ACG**G**AAT...
個体 4	...ACG**G**AAT...	個体 14	...ACG**S**AAT...
個体 5	...ACG**S**AAT...	個体 15	...ACG**S**AAT...
個体 6	...ACG**S**AAT...	個体 16	...ACG**S**AAT...
個体 7	...ACG**G**AAT...	個体 17	...ACG**G**AAT...
個体 8	...ACG**C**AAT...	個体 18	...ACG**S**AAT...
個体 9	...ACG**S**AAT...	個体 19	...ACG**C**AAT...
個体 10	...ACG**C**AAT...	個体 20	...ACG**S**AAT...

各個体で，A，T，G，および C はそれぞれの塩基のホモ接合であることを，S は G と C のヘテロ接合であることを表す。

図　1

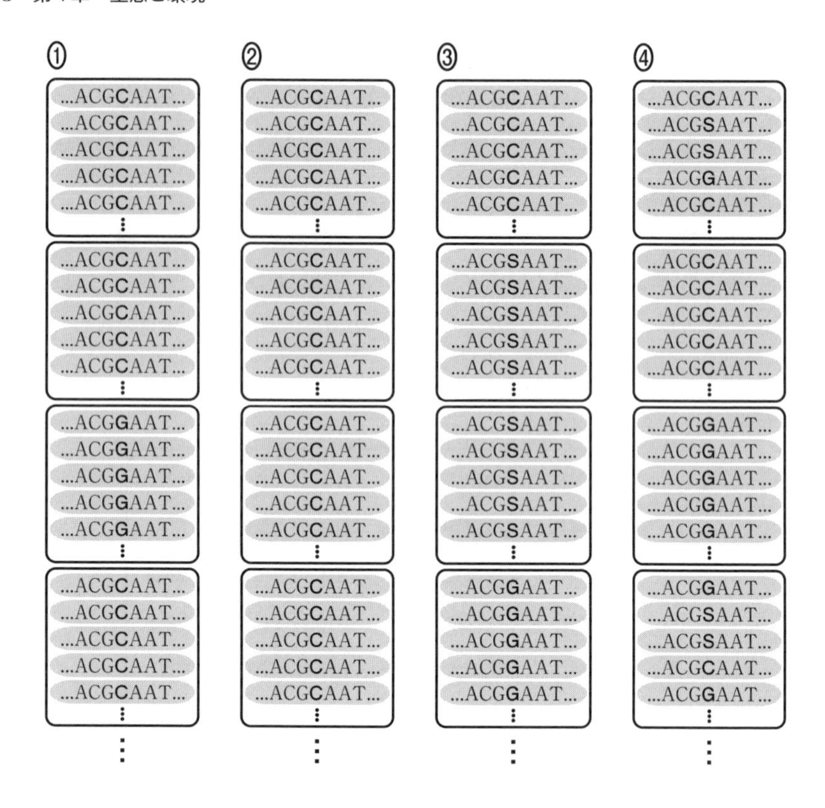
①
...ACGCAAT...
...ACGCAAT...
...ACGCAAT...
...ACGCAAT...
...ACGCAAT...
...ACGCAAT...
...ACGCAAT...
...ACGCAAT...
...ACGCAAT...
...ACGCAAT...
...ACGGAAT...
...ACGGAAT...
...ACGGAAT...
...ACGGAAT...
...ACGGAAT...
...ACGCAAT...
...ACGCAAT...
...ACGCAAT...
...ACGCAAT...
...ACGCAAT...
②
...ACGCAAT...
...ACGCAAT...
...ACGCAAT...
...ACGCAAT...
...ACGCAAT...
...ACGCAAT...
...ACGCAAT...
...ACGCAAT...
...ACGCAAT...
...ACGCAAT...
...ACGCAAT...
...ACGCAAT...
...ACGCAAT...
...ACGCAAT...
...ACGCAAT...
...ACGCAAT...
...ACGCAAT...
...ACGCAAT...
...ACGCAAT...
...ACGCAAT...
③
...ACGCAAT...
...ACGCAAT...
...ACGCAAT...
...ACGCAAT...
...ACGCAAT...
...ACGSAAT...
...ACGSAAT...
...ACGSAAT...
...ACGSAAT...
...ACGSAAT...
...ACGSAAT...
...ACGSAAT...
...ACGSAAT...
...ACGSAAT...
...ACGSAAT...
...ACGGAAT...
...ACGGAAT...
...ACGGAAT...
...ACGGAAT...
...ACGGAAT...
④
...ACGCAAT...
...ACGSAAT...
...ACGSAAT...
...ACGGAAT...
...ACGCAAT...
...ACGCAAT...
...ACGCAAT...
...ACGCAAT...
...ACGCAAT...
...ACGCAAT...
...ACGGAAT...
...ACGGAAT...
...ACGGAAT...
...ACGGAAT...
...ACGGAAT...
...ACGGAAT...
...ACGSAAT...
...ACGSAAT...
...ACGCAAT...
...ACGGAAT...

 センター試験 2017 年度本試 生物

生態と環境に関する次の文章を読み，下の問い（問 1 ～ 2）に答えよ。
〔解答番号 1 ～ 3 〕

ハリガネムシは，一生の一時期を，陸に生息する無脊椎動物（主にバッタ類）の体内に寄生して過ごす。また，ハリガネムシは，バッタなどの宿主（寄主）が水中に落下した後すぐに宿主から出て，水中で繁殖を行う。そこで，ハリガネムシが陸と水の間を移動する方法と，ハリガネムシが生態系に与える影響を明らかにするため，次の**実験 1**・**実験 2** を行った。

実験 1　ハリガネムシが寄生した 42 個体のバッタと，寄生していない 38 個体のバッタを用意した。下の図 1 のように，バッタを 1 個体ずつ，通路 1 と通路 2 に分かれた道の入口に置いた。通路 1 の先には何も入っていない深いくぼみが，通路 2 の先には水で満たされた深いくぼみがある。通路 1 と通路 2 の分岐点からは，くぼみが水で満たされているかどうかは見えない。また，通路は屋根で覆われており，バッタは外には出られない。入口にバッタを置いた後，外に出られないように入口をふさいでから 30 分後に，通路 1 もしくは通路 2 に進んでいたバッタの個体について調べた。その結果，ハリガネムシが寄生したバッタは合計で 21 個体が通路 1 の方向へ，21 個体が通路 2 へ進んでいた。一方で，寄生していないバッタは合計で 19 個体が通路 1 へ，19 個体が通路 2 へ進んでいた。また，通路 2 へ進んだ個体のうち，ハリガネムシが寄生していないバッタはどの個体も水に飛び込んでいなかったが，ハリガネムシが寄生したバッタは全ての個体が飛び込んでいた。

実験 2　三つの川 X ～ Z における高次捕食者である淡水魚 A は，次の図 2 のように，川に生息する水生無脊椎動物だけでなく，川に落ちた陸生無脊椎動物も食べる。これら三つの川の川沿いでバッタを採集し，ハリガネムシに寄生されているバッタの数の割合を調べた。また，それぞれの川から淡水魚 A を採集して胃の中身を確認し，食物の種類と重量を調べ，一日あたりに得た食物の割合（重量割合）を算出したところ，下の図 3 の結果が得られた。ただし，ハリガネムシに寄生されているバッタの数の割合以外の条件は，三つの川の間で同じとする。

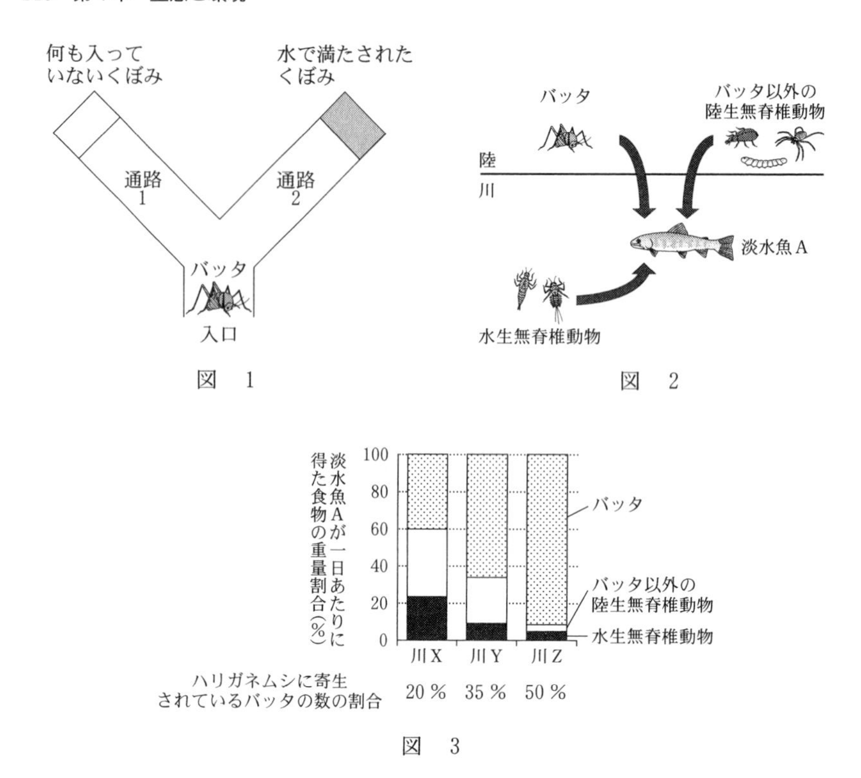

問1　実験1の結果から導かれる考察として最も適当なものを，次の①～④のうちから一つ選べ。［ 1 ］

① ハリガネムシに寄生されると，バッタは水が見えなくても，水辺に近づくようになる。

② ハリガネムシに寄生されると，バッタは水が見えなくても，水辺から遠ざかるようになる。

③ ハリガネムシに寄生されると，バッタは目の前の水に飛び込むようになる。

④ ハリガネムシに寄生されると，バッタは目の前の水を避けるようになる。

問2 実験1・実験2の結果から導かれる，川X～Zが流れる地域の生態系に関する考察として適当なものを，次の①～⑧のうちから二つ選べ。ただし，解答の順序は問わない。 2 ・ 3

① ハリガネムシに寄生されているバッタの数の割合が高い地域の川ほど，淡水魚Aがバッタ以外の陸生無脊椎動物を食べる重量割合は高い。
② ハリガネムシに寄生されているバッタの数の割合が低い地域の川ほど，淡水魚Aが水生無脊椎動物を食べる重量割合は低い。
③ ハリガネムシに寄生されているバッタの数の割合が低い地域の川ほど，淡水魚Aがバッタを食べる重量割合は高い。
④ どの川でも，淡水魚Aは，水生無脊椎動物よりも，バッタを含む陸生無脊椎動物を高い重量割合で食べている。
⑤ 川には寄生者がいないため，陸の食物網に比べて食物網が安定している。
⑥ 陸と川の生態系は独立しており，互いにエネルギーの流入はない。
⑦ 寄生者による宿主の行動の変化が，陸と川の生態系間でのエネルギーの流れを変える。
⑧ 寄生者によって行動が変化した宿主は，陸では消費者だったが，川では生産者になった。

22　龍谷大学（一般A日程）2010年度・改

ある魚とその魚の体表に寄生する寄生者の調査に関する次の文章を読んで，下の問い（問1～2）に答えよ。
〔解答番号 1 ～ 2 〕

ある淡水魚の体表には微小な寄生者が多数寄生することが知られている。この淡水魚について大きさや齢の異なる30匹の魚を同じ生息地から採取してきて，それらの体長，年齢，体表の寄生者の数を調べた。その結果は図1～3のようであった。

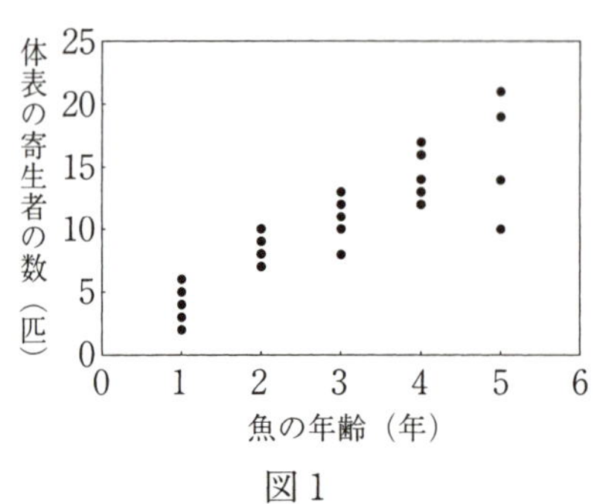

図1

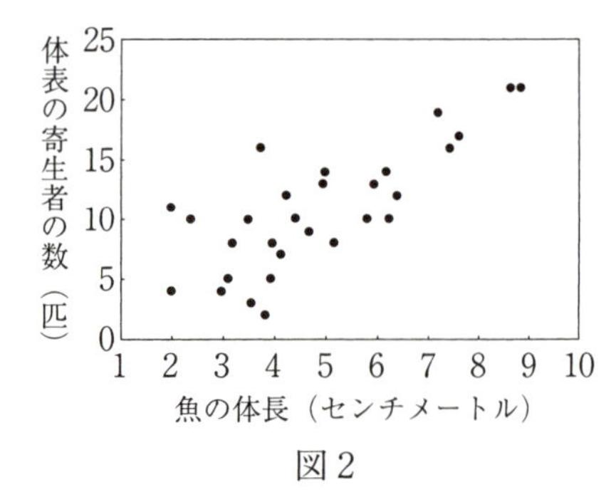

図2

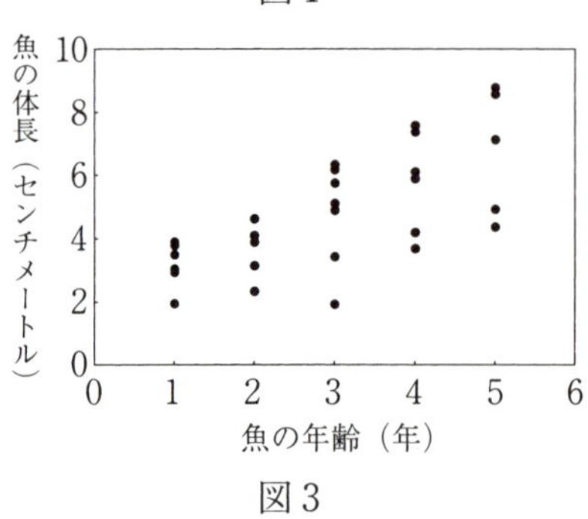

図3

問1　図１～３の調査結果のみから論理的に導くことのできる内容として正しいものを，次の①～⑦からすべて選べ。［ 1 ］

① 体長の大きい魚ほど，年齢が高い傾向がある。
② 死亡率は，２歳の魚より４歳の魚の方が高い。
③ 体表の寄生者の数が多いほど，魚の死亡率が高くなる傾向がある。
④ 体表の寄生者の数が多いほど，魚は成長しにくくなる傾向がある。
⑤ 体表の寄生者の数が多い魚の体長は，より大きい傾向がある。
⑥ 魚の年齢が増加しても，体表の寄生者の大きさは変化しない。
⑦ 体表の寄生者の数は体長の大きい魚に多いが，寄生者の大きさは体長の小さい魚でより大きい傾向がある。

問2　Ａ君は，魚の体長，年齢と体表の寄生者の数の関係について，次のような仮説（Ａ君の仮説）を立てた。この仮説が正しいときに得られる関係（体長と体表の寄生者の数との関係）を正しくあらわした図を次の①～⑧のうちから一つ選べ。ただし，実線は年齢の高い個体の場合を，点線は年齢の低い個体の場合をあらわすものとする。［ 2 ］

（Ａ君の仮説）体長が同じでも年齢の高い個体の方が寄生者の数は多く，また，年齢が同じでも体長の大きい個体の方が寄生者の数が多い。

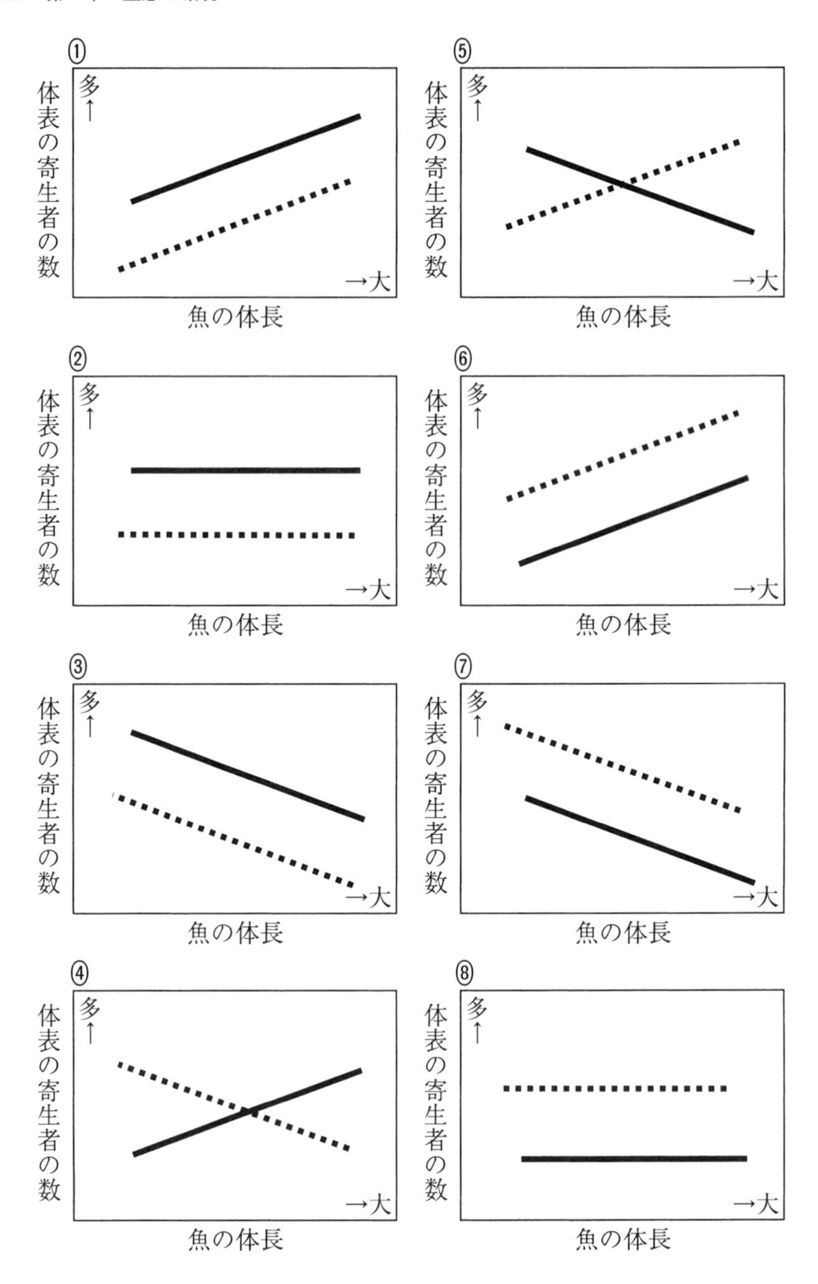
①
体表の寄生者の数
多↑
→大
魚の体長
⑤
体表の寄生者の数
多↑
→大
魚の体長
②
体表の寄生者の数
多↑
→大
魚の体長
⑥
体表の寄生者の数
多↑
→大
魚の体長
③
体表の寄生者の数
多↑
→大
魚の体長
⑦
体表の寄生者の数
多↑
→大
魚の体長
④
体表の寄生者の数
多↑
→大
魚の体長
⑧
体表の寄生者の数
多↑
→大
魚の体長

23 北海道大学（前期日程）2010年度・改

次の文章を読み，以下の問い（問1～2）に答えよ。
〔解答番号 1 ～ 4 〕

漁港の護岸壁や海岸の巨岩を調べてみると，フジツボや貝類，海藻などの生物が海水面とほぼ平行に帯状に分布している様子を観察できる。北海太郎君は，2007年5月に，半年前に作られたコンクリート護岸壁の垂直面にフジツボの一種がたくさん固着している様子に関心を抱いて，これを研究対象と決めて野外調査を始めた。

野外調査を実施したときに波はなく，フジツボは海水面付近に帯状に分布していた。そこで，北海太郎君は，このときの海水面を基準として，護岸壁の垂直面を以下の3つの区域に分けた；低域（海水面より20cm下の区域），中域（海水面付近），高域（海水面より20cm上の区域）。そして護岸壁沿いに海岸線を歩いて，5地点で，それぞれ3つの区域に5cm四方の正方形となる調査区を設置した。北海太郎君は，これら15調査区をカメラで撮影した。この写真を丁寧に観察して，フジツボの個体数を数えた。翌年5月にこれら15調査区とまったく同じ場所で撮影を実施して，1年前の写真と照らし合わせることによって，各調査区で最初の撮影のときに観察されたフジツボの1年後の生存率を調べた。その結果を図に示している。

なお，中域や低域には，フジツボを食べることが知られている肉食性巻貝やヒトデ，そしてフジツボとの種間競争が知られている二枚貝などの他の生物もみられて，これらの生物の個体数は2007年よりも2008年のほうが多かった。

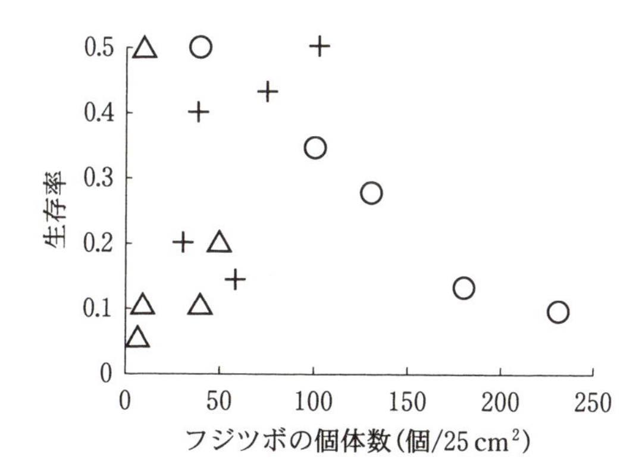

図　2007年における各調査区のフジツボの個体数と2007年から2008年までの生存率の関係。

それぞれ△：高域，○：中域，＋：低域の地点を表す。

問1　以下の文章は北海太郎君が作成したレポートの一部である。文章中の[ア]～[オ]に入る語の組合せとして最も適当なものを，下の①～⑧のうちから一つ選べ。[1]

ある地域に生息する同種個体のまとまりを個体群とよぶ。個体群の大きさは，ふつう，それを構成する全個体数で表されるが，実際に全個体を数えることは難しいので，[ア]や[イ]によって個体数を推定することも多い。とくに海藻やフジツボのように動かない生物の個体数を推定するときは，今回の調査のように[ア]を用いなければならない。その理由は，[イ]では標識をつけた個体とつけていない個体が個体群内で十分に混合することが必要だからである。

図をみると，調査区内の個体数が最も多かったのは中域の調査区で，最も少なかったのは[ウ]域の調査区だったことがわかる。また，2007年から2008年までの生存率が最も低かった調査区は[エ]域の調査区だった。中域では，調査区内の個体数が多いほど，生存率が[オ]する傾向がみられた。

一定面積内に生息する同種の個体数が多いとき，それが個体の形態や生存率，個体群の成長に影響を及ぼすことがある。このような現象を密度効果という。図で示した結果のうち，中域のフジツボでみられた現象は密度効果が作用した結果かもしれない。しかし，中域や低域には他の生物もみられたので，これらの生物のうち，肉食性巻貝やヒトデのような捕食者が，フジツボが数多く固着していた地点に集まってフジツボを食べたために，中域の調査区のうち，個体数が多かった地点ほど生存率が低かった可能性もある。

	ア	イ	ウ	エ	オ
①	標識再捕法	区画法	高	低	低下
②	標識再捕法	区画法	低	中	上昇
③	標識再捕法	区画法	中	高	低下
④	標識再捕法	区画法	高	中	上昇
⑤	区画法	標識再捕法	高	低	低下
⑥	区画法	標識再捕法	低	中	上昇
⑦	区画法	標識再捕法	高	高	低下
⑧	区画法	標識再捕法	中	中	上昇

問2　次の(1)〜(3)の文章もまた，北海太郎君のレポートの一部である。(1)〜(3)の文章について，下線部が妥当であれば①，妥当でなければ②を選べ。

(1)　高域のフジツボは干潮時に乾燥や雨などの環境ストレスの影響を強く受けていたと考えられる。とくに今回の調査地は淡水が流入する場所なので，塩分濃度の低下がフジツボの死亡要因のひとつとして考えられる。海の無脊椎動物には体液の浸透圧調節のはたらきが未発達のものが多い。フジツボはカニやエビの仲間（甲殻類）なので，今回調査したフジツボも，汽水域に生息するカニと同様に，浸透圧を調節できないと考えられる。［2］

(2)　中域や低域には，巻貝や二枚貝，ヒトデなどの他の生物がみられた。これらの生物はフジツボと同じ場所に生息しているので，同じ生態的地位にあるといえる。［3］

(3)　2008年に調査地を訪れたとき，肉食性巻貝の個体数が増えていたことが印象的だった。肉食性巻貝やヒトデは，彼らのえさであるフジツボや藻食性巻貝に比べて大型の生物であるため，今後，肉食性巻貝やヒトデを含む栄養段階の生物の生体量（g/m^2）は，下位の栄養段階に属するフジツボや藻食性巻貝を含む生物の生体量とほぼ等しくなると考えられる。［4］

24　第1回プレテスト　第4問　A

次の文章を読み，下の問い（問1～2）に答えよ。
〔解答番号［1］～［2］〕

種子植物の花粉は，細胞壁が丈夫であり，湖沼や湿地などに堆積する土砂の中で分解されずに残りやすい。堆積物中の花粉の種類と量を分析することで，当時のバイオームに関する情報を得ることができる。

問1　次の図1は，中部地方の標高1000m付近にある湿地の堆積物から産出した，常緑針葉樹であるコメツガ・オオシラビソと，夏緑樹（落葉広葉樹）であるブナ・ミズナラの花粉の量の相対的な変化を示している。約1万年前は地球が寒冷な時期から温暖な時期に変化する過渡期で，温暖化は最初の約1000年で進んだ。にもかかわらず，その後，図1のように，常緑針葉樹の花粉が検出できなくなるまでに約5000年，夏緑樹の花粉が出現するまでに約2000年かかり，両方の花粉がともに見られる期間は約3000年間も続いた。このようなデータが得られた原因に関する下の推論ⓐ～ⓒのうち，**合理的でない推論**はどれか。それらを過不足なく含むものを，下の①～⑥のうちから一つ選べ。ただし，この期間では，植物の性質に変化はなかったものとする。［1］

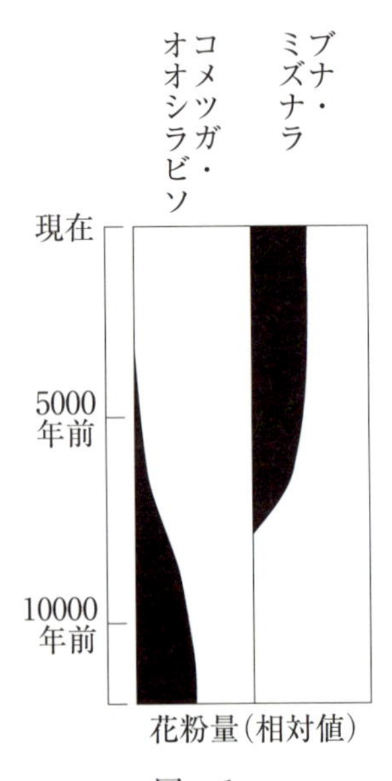

図　1

ⓐ 湿地付近のバイオームが変化した後も，コメツガ・オオシラビソの花粉が標高の低い，暖かい場所から飛散してきたため
ⓑ コメツガ・オオシラビソとの競争が激しかったので，ブナ・ミズナラが湿地付近でなかなか優占できなかったため
ⓒ 種子の散布距離の制約により，バイオームがゆっくりと入れ替わったため

① ⓐ	② ⓑ	③ ⓒ
④ ⓐ，ⓑ	⑤ ⓐ，ⓒ	⑥ ⓑ，ⓒ

問2 次の図2は，同じ湿地の堆積物における約800年前から現在までの産出物の推移のなかで，特徴的なものを示している。この場所に堆積した微粒炭は，人間が行った火入れ（森林や草原を焼き払うこと）によって生じたと考えられている。花粉量の推移からわかるように，微粒炭の堆積した場所では，その後，草本からアカマツへと優占種が入れ替わった。しかし，これが典型的な二次遷移ならば，遷移が始まって数十年で，草原からアカマツの優占する陽樹林へと遷移が進行し，現在では既に陰樹の優占する森林となっているはずである。このように，この場所での遷移の進行が二次遷移としては遅いのはなぜか。その原因の合理的な推論として適当なものを，下の①～⑤のうちから二つ選べ。 2

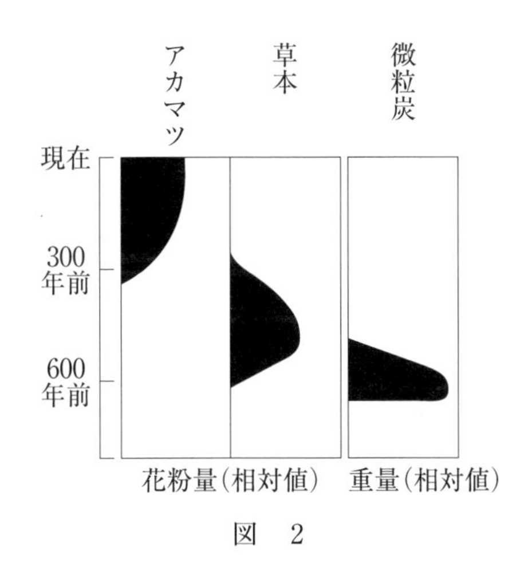

図 2

① 約100年間火入れを続けたことによって，土壌有機物の多くが失われたため
② 微粒炭のために，草本の成長が抑制されたため
③ 火入れのために日照がさえぎられて，草本の成長が抑制されたため

④　極相林を構成する夏緑樹の種子が，火入れのために供給されなかったため
⑤　微粒炭が大量に堆積した時期以降も，人間の活動によるかく乱が続いたため

第4章　生態と環境

19

《生物の分布とゴカイの発生》

◆ねらい◆生物集団の多様な分布についての理解と，動物の受精後の発生についての理解をもとに，ゴカイを題材として，初見の資料から必要なデータや条件を抽出・収集し，情報を統合しながら課題を解決する力が問われている。

問1　[1]　正解は⑤

生物の分布とその測定に関するデータ考察の問題である。（正答率 36.8％）

着眼点　初見のデータから，整合性のある関係や傾向の分析ができるか，具体的なイメージができるかどうかということが試される。

下図のように方形枠をさまざまに設定してみながら考察する。

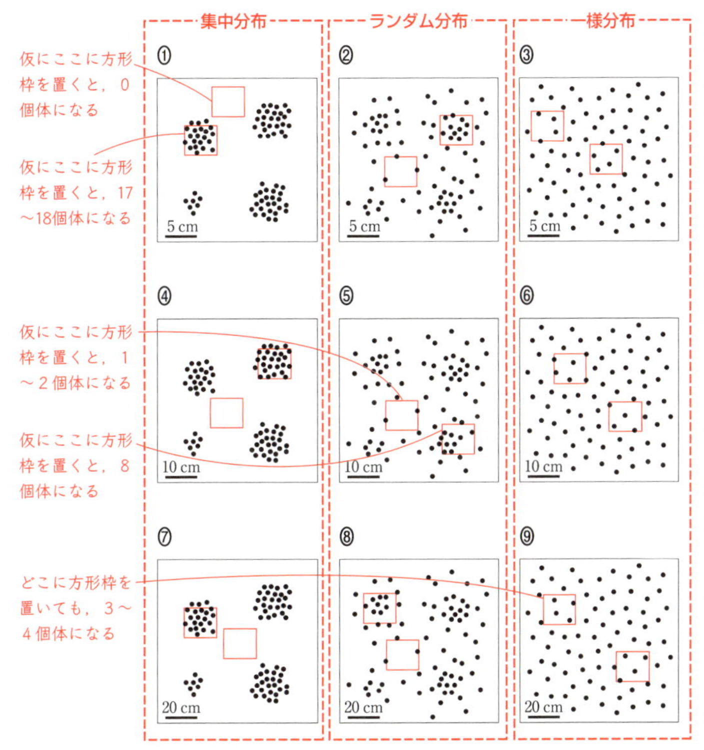

①・④・⑦の分布パターンは集中分布という。この分布パターンの場合，①5cm四方・④10cm四方・⑦20cm四方のどの場合でも，0～約20匹の個体が含まれる場合が予想されるが，表1の5cm四方，10cm四方では個体数はそれぞれ

第4章

0～3，0～8であり，予想に矛盾する。さらに，⑦20cm四方で0個体になる場合も予想されるが，表1の結果では個体数は12～19であり，これも矛盾している。

③・⑥・⑨の分布パターンは一様分布という。この分布パターンの場合，選択肢の図で示された方形枠と個体数の関係を見ると，③5cm四方・⑥10cm四方・⑨20cm四方に含まれる個体数はどれも3～4となることが予想され，**0となることはない**が，表1の結果の5cm四方，10cm四方，20cm四方ではそれぞれ，0～3，0～8，12～19個体となっており，どれも図③・⑥・⑨で予想される結果に矛盾している。

②・⑤・⑧の分布パターンはランダム分布という。②5cm四方・⑧20cm四方の場合，場所によって個体数に大きな変動が見られ，0～約10個体くらいの幅でさまざまな数値が現れることが予想される。しかし，表1の5cm四方の結果では0～3個体となっており矛盾する。また，表1の20cm四方の結果では12～19個体となっており，⑧では0個体あるいはそれに近い数値が現れるはずなので，誤りであると判断できる。

以上より，⑤が正解。表1の10cm四方の結果では0～8個体となっており，予想と結果に整合性が見られる。

問2　2　正解は③・④

（2 は過不足なくマークした場合のみ正解）

密度効果に関するデータ考察の問題である。（正答率66.3%）

着眼点　初見のデータから，生物の生息密度と成長速度に関する情報を抽出し，その傾向の分析ができるかということが試される。

①・②不適。③適当。生息密度と成長速度の関係についての記述である。成長速度は表2の1日当たりの体重増加量からわかる。下表のように小型個体も大型個体も，生息密度が高いほど成長が遅いことがわかる。

個体の大きさ	容器当たりの個体数	ゴカイの平均体重（mg/個体）		1日当たりの体重増加量（mg/個体）
		実験前	実験後	
小型個体	3	442	1506	76
	7	449	1300	61
	15	409	987	41
	30	435	813	27
大型個体	3	873	1727	61
	7	833	1639	58
	15	813	1303	35
	30	867	1025	11

生息密度が高いほど成長が遅い

④適当。⑤・⑥不適。小型個体と大型個体の成長速度の違いについての記述である。

個体の大きさ	容器当たりの個体数	ゴカイの平均体重（mg/個体）		1日当たりの体重増加量（mg/個体）
		実験前	実験後	
小型個体	3	442	1506	76
	7	449	1300	61
	15	409	987	41
	30	435	813	27
大型個体	3	873	1727	61
	7	833	1639	58
	15	813	1303	35
	30	867	1025	11

比較

どの密度でも，大型個体の方が，成長速度が遅い

小型個体と大型個体について，容器当たりの個体数が同じものの間で比較していく。上表では個体数3のときと，個体数15のときを例に示したが，どの個体数の場合も，大型個体の方が1日当たりの体重増加量が小さい（＝成長速度が遅い）ことがわかる。

問3　3　正解は④

生物の発生に関する考察問題である。（正答率 77.6％）

着眼点　ウニの発生の学習で身につけた知識とゴカイの発生過程の共通点などの情報を統合できるかということが試される。

発生が進むほど，割球は小さくなるのでⓐ→ⓑはすぐに決めることができる。次に，ⓒとⓓは細胞数やその配置が類似しているが，ⓒには繊毛が生じている。より発生の進んだⓔ・ⓕにも毛があることを考慮すると，ⓓ→ⓒの順番であると推察できる。また，ウニの発生段階でも胞胚期に繊毛が生じることも，考えていく上での重要なヒントになる。よって，ここまでの発生段階はⓐ→ⓑ→ⓓ→ⓒの順番であると判断できる。ⓔ・ⓕはⓐ～ⓓよりも体制が発達しているが，ⓕにはⓐ～ⓓの割球内に認められる丸い粒（卵黄成分の油滴と考えられる）が存在し，ⓔには存在しないので，発生の順番はⓕ→ⓔであると判断できる。また，ⓔには体に区切りも見られるようになっており，体節構造をもつゴカイの成体との関連性も判断材料になる。よって，④が正解である。

  《リスの個体群動態》

◆ねらい◆個体群の動態や絶滅のリスクについて，動物の生態と環境や生殖に関わる理解と，情報を整理・統合して考察する力とともに，多くの世代を経過した集団で現れる遺伝子型の変化について，情報を整理・解釈する力が問われている。

問１　**1**　正解は①

リスの個体群について，個体群とその変動に関する理解をもとに，生命表の変数から，個体群の大きさの変化についての情報を整理する問題である。（正答率 16.6％）

着眼点　表中に示されている $\ell_x m_x$ の値の意味に加えて，その合計が示していることの意味が理解できているかということが試されている。

表１の内容に関して，分析と解釈を加えてみると以下のようになる。

N_0(=180)に対する
その年齢の生存個体の割合 → ℓ_x

各年齢の
生存率 → p_x

各年齢の
死亡率

各年齢の個体が産
んだ子の平均数 → m_x

各年齢の生存個体の割合
と子の平均数の積
↓
各年齢の個体の割合に対
応した，各年齢で生じる
子の数の相対値 → $\ell_x m_x$

x：年齢	N_x	ℓ_x	p_x	死亡率	m_x	$\ell_x m_x$
0	180	1.00	0.25	0.75	0.0	0.000
1	45	0.25	0.60	0.40	1.1	0.275
2	27	0.15	0.59	0.41	2.1	0.315
3	16	0.09	0.56	0.44	2.2	0.198
4	9	0.05	0.56	0.44	2.5	0.125
5	5	0.03	0.00		2.9	0.087
合計	282				10.8	1.000

各年齢で生じる子の数の相対値の総和が１を上回れば，この個体群の大きさは今後増加し，１を下回れば，この個体群の大きさは今後減少するということを意味する

ℓ_x は N_0（＝180）に対するその年齢の生存個体の割合を示しており，m_x は各年齢の個体が産んだ子の平均数を示しているので，各年齢の $\ell_x m_x$ の値は，各年齢の個体の割合に対応した，各年齢で生じる子の数の相対値を示していることになる。したがって，**$\ell_x m_x$ の値の合計は，「この個体群全体に対する，生まれる子の割合を示している」**ことになる。**$\ell_x m_x$ の値の合計が１を上回れば，この個体群の大きさは増加していく**と判断でき，**１を下回れば，この個体群の大きさは減少していく**と判断できる。実際の $\ell_x m_x$ の値の合計が 1.000 なので，このリスの個体群の個体数はほとんど変化していないと考えられる。

問２　**2**　正解は②

リスの生存曲線について，個体群とその変動に関する理解をもとに，生命表の数値から作成したグラフを特定する問題である。（正答率 30.8％）

着眼点 生存曲線の縦軸が対数となっており，グラフが直線になれば死亡率が一定であることを示すことなどの，基礎知識が活用できるかどうかが試されている。

表１の生命表から，各年齢の死亡率を求めておくと，比較検討が行いやすい。

０歳（年齢０）から１歳までの生存率は0.25なので，死亡率は0.75である。同様に１歳から２歳，２歳から３歳，…の死亡率を求めると，それぞれ0.40，0.41，0.44，0.44であり，１歳から４歳における死亡率はほぼ一定であることがわかる。この情報に合致したグラフは②である。

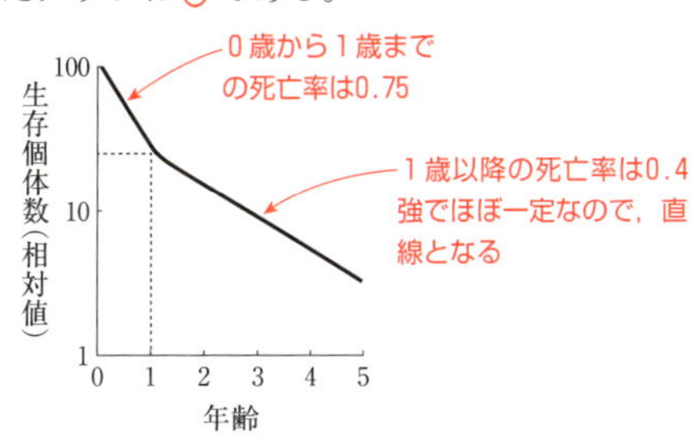

問３ 3 正解は⑦

生息地の大きさとその生態的影響について，個体群とその変動に関する理解をもとに，生息地の分断によって変化する環境の指標を特定する問題である。（正答率16.6％）

着眼点 リスの生息地が分断されて小さくなるほど減少する指標について，具体的なイメージができるか，整合性のある考察ができるかどうかが試されている。

ⓐリスの生息地が分断されて小さくなるほど，分断されている部分の表面（分断面）が増加する。分断面は分断される前とは異なる環境となると考えられるので，その分断面が増加するほど，リスの生活範囲が奪われる可能性が高くなる。よって，各生息地のリスの個体群の環境収容力は生息地が分断されるほど小さくなると考えられる。

ⓑリスの生息地が分断されるということは，捕食者の生息地も同様に分断されることになる。リスの場合と同様に，分断面が増加するほどリスの捕食者の生活範囲が奪われる可能性が高くなるので，リスの捕食者の個体数は生息地が分断されるほど少なくなると考えられる。

ⓒリスの生息地が分断されて小さくなるほど，分断面が増加する。分断されて小さくなるほど，その生息地の湿度などの生態的多様性は小さくなると考えられる。

したがって，指標ⓐ～ⓒはどれも，リスの生息地が分断されて小さくなるほど，減少すると考えられる。よって，⑦が正解となる。

問４ 4 ・ 5 正解は②・③（順不同）

生物が絶滅するリスクについて，個体群内や個体群間の相互作用に関する理解をもとに，生息地の分断による個体群の縮小によって，絶滅のリスクが上昇する理由について考察する問題である。（正答率 26.3%）

着眼点　リスの生息地の分断による個体群の縮小と絶滅の関係について，表1の数値の意味の理解と整合性のある考察ができるかどうかが試されている。

①**不適**。ℓ_x は N_0 に対するその年齢の生存個体の割合を示している。生息地が分断されて個体群が小さくなることで，近親交配は起こりやすくなるが，そのことが原因となって，各年齢全体におけるその年齢の生存個体の割合は変化しない。よって，生息地が分断されて個体群が小さくなることで，絶滅のリスクが上昇する理由として適当ではない。

②**適当**。m_x は各年齢の個体が産んだ子の平均数を示している。生息地が分断されて個体群が小さくなることで，**近親交配が起こりやすくなる**。その結果，**生存に不利な遺伝子をホモでもつ頻度が高まり，生まれる子の平均数が低下する可能性**（近交弱勢）が考えられる。よって，生息地が分断されて個体群が小さくなることで，絶滅のリスクが上昇する理由として適当である。

③**適当**。生息地が分断されて個体群が小さくなることで，その分断された区画内で，偶然に個体数がゼロになる確率が上昇する。この区画以外の残った区画内でのみ繁殖が起こることになるので，生息地が分断されて個体群が小さくなることで，絶滅のリスクが上昇する理由として適当である。

④**不適**。もともと安定した生態系として成立しているような環境で考えた場合，それぞれの生物種はそれぞれに適した生態的地位を占めていると考えられる。よって，もともと競争排除が強くはたらいているような環境ではないはずである。また，生息地が分断されて個体群が小さくなることで，種間競争の緩和による競争排除が減少するのであれば，絶滅のリスクは低下する。

⑤**不適**。共倒れ型の種内競争はアズキゾウムシなど，特殊な増殖様式をもつ生物でみられる現象である。アズキゾウムシでは，限られた資源（1粒のアズキ）に対して，産み付けられる卵の数によって幼虫や成体の数，生存率が大きく影響を受け，産み付けられる卵の数が多くなりすぎると，どの子も死亡してしまうという「共倒れ型」の種内競争が激化する。本問において，この「共倒れ型」の種内競争を考慮する必要はないと考えられる。

問5　6　正解は③

遺伝的多様性について，遺伝的浮動に関する理解をもとに，個体群が分断されることによる各個体群における遺伝子型の構成の変化について考察する問題である。（正答率 23.4%）

着眼点　小集団において，多くの世代が経過した結果，個体群内の遺伝子型の構成はどのように変化するかについて，整合性のある考察ができるかどうかが試されている。

図1に示された各個体の太字に該当する遺伝子型を解析すると，20個体中10個体がGとCのヘテロ接合である。この集団が多くの小集団に分断され，それ以降多くの世代が経過したとすると，**小集団に分離されたホモ接合体の子孫は，ホモ接合体の集団を形成する**。また，**小集団に分離されたヘテロ接合体の子孫は，ヘテロ接合体とホモ接合体が混合した集団を形成する**と考えられる。この内容を踏まえて選択肢①～④のうち，可能性が最も低いものを判断する。

①・②可能性は低くない。調べた小集団のうち，どの集団も太字に該当する遺伝子型がホモ接合であり，これは図1のホモ接合体が小集団に分離され，その子孫によって形成された可能性が高い。

③可能性は低い。調べた小集団のうち，集団内の個体のすべてがヘテロ接合になっている集団があり，このような集団が存在する可能性は低い。小集団に分断された際に，仮にヘテロ接合のみがその集団に含まれていたとしても，分断され，それ以降多くの世代が経過すると，子孫の半数以上がホモ接合となるはずであり，ヘテロ接合ばかりの集団とはならない。また，異なるホモ接合を含む小集団に分断されたとしても，それ以降多くの世代が経過すると，同様に半数以上がホモ接合となるはずであり，ヘテロ接合ばかりの集団とはならない。

④可能性は低くない。調べた小集団に関して，提示された4つの小集団のうち2つはホモ接合の集団となっている。これは小集団に分断された際に，1種類のホモ接合のみを含んでいた小集団に由来すると考えられる。また，残り2つの小集団はヘテロ接合を約半分含んだ集団となっているので，これは小集団に分断された際に，ヘテロ接合のみを含んでいた小集団であったか，異なるホモ接合を含む小集団であったと考えられる。整合性のある結果が示されており，正しい内容であると判断できる。

21 標準 《個体群間の関係》

問1 [1] 正解は③

寄生に関する実験考察問題である。

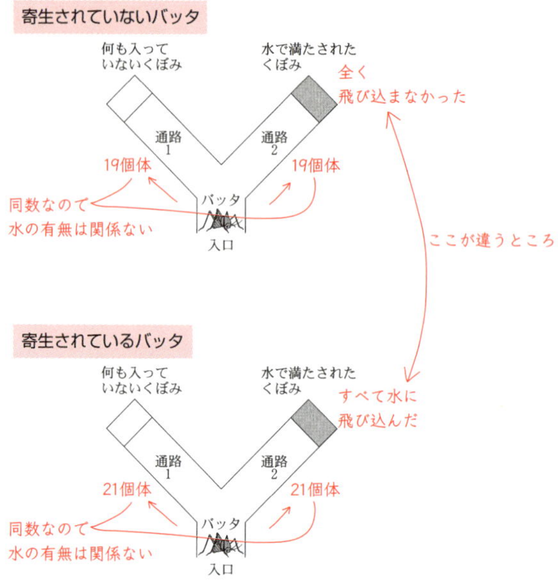

①・②不適。寄生されていないバッタでは，水のある方とない方に同数が進んでおり，水辺に近づく傾向も遠ざかる傾向もない。寄生されているバッタでも，全く同じ結果であり，傾向に変化はみられない。

③適当・④不適。水のある方に行ったバッタの中で，寄生されていないバッタでは水に飛び込んだ個体はいなかったが，寄生されているバッタでは，すべての個体が水に飛び込んでいることから，ハリガネムシに寄生されると水に飛び込むように行動が変化すると考えられる。

問2 [2]・[3] 正解は④・⑦（順不同）

寄生に関するグラフの読み取りおよび実験考察問題である。

①不適。ハリガネムシに寄生されているバッタの数の割合が高い地域の川ほど（グラフの右ほど），淡水魚Aがバッタ以外の陸生無脊椎動物を食べる重量割合は低い。

②不適。ハリガネムシに寄生されているバッタの数の割合が低い地域の川ほど（グラフの左ほど），淡水魚Aが水生無脊椎動物を食べる重量割合は高い。

③不適。ハリガネムシに寄生されているバッタの数の割合が低い地域の川ほど（グラフの左ほど），淡水魚Aがバッタを食べる重量割合は低い。

④**適当**。バッタとバッタ以外の陸生無脊椎動物を合わせると，その重量割合が最も低い川であるＸでも 80％近くを占めており，どの川でも淡水魚Ａは水生無脊椎動物よりも高い重量割合で食べている。

⑤**不適**。**実験１・２**では，川に寄生者がいないかどうかはわからない。また，食物網の安定に関しても判断できない。

⑥**不適**。陸生無脊椎動物がもっているエネルギーを，川にいる淡水魚Ａが陸生無脊椎動物を食べることで陸の生態系のエネルギーが川の生態系に流入している。

⑦**適当**。**実験１**で，ハリガネムシ（寄生者）に寄生されたバッタ（宿主）が水に飛び込むようになるという行動の変化が示されている。また，**実験２**で，寄生されたバッタの数の割合が増加するほど，淡水魚Ａがバッタ（陸生無脊椎動物）を捕食する割合が高くなることが示されている。これらのことから，寄生された宿主の行動の変化が，陸の生態系から川の生態系へのエネルギーの流れを変化させていることがわかる。

⑧**不適**。この実験での宿主はバッタである。水に飛び込んだバッタが生産者（主に光合成をする生物）になることはない。

22　標準　《魚の体長・年齢と寄生者の数との関係についての実験》

考察問題においては，実験や調査の結果から何が導き出せるのかを正しく分析する力が欠かせない。何となく判定するのではなく，一つ一つの選択肢について情報を吟味し，理由を付して判定する習慣をつけておけば，どのような形式の問題でも慌てることなく対応できるだろう。

問1　1　正解は①・⑤

調査結果から類推できる内容を判定する問題である。

①正文。図3から導くことができる。横軸の年齢が高くなるにつれて，縦軸の体長は大きくなる傾向があることがわかる。より正確に理解したい場合は，各年齢の体長のデータの平均値を求めて図示し，それらをつないだグラフが右上がりになっていることを確かめるとよい。

②・③誤文。いずれもこの調査結果からはわからない。死亡率に関する情報はこの調査では得られていない。また，調査結果の情報だけで推測することもできない。

④誤文。図1より，年齢が高くなるにつれて体表の寄生者の数が多くなることが読み取れる。また，図2より，体長が大きくなるにつれて体表の寄生者の数が多くなる傾向があることも読み取れる。しかし，魚が成長しにくいかどうかを判断するには個体ごとの成長に関する情報が必要であり，この調査ではその情報は得られていない。よって，この内容を導くことはできない。

⑤正文。④の説明の通り，図2から導くことができる。

⑥・⑦誤文。この調査結果には寄生者の体の大きさについての情報は含まれていないため，判断することができない。

問2　2　正解は①

ある仮説について，その仮説が正しいといえるための条件を検討する問題である。

仮説が支持されるような調査結果の検討に加え，図の読み取りも問われている。慎重に読み解こう。

まず，仮説について理解する。A君の仮説は以下の通り。

「体長が同じでも年齢の高い個体の方が寄生者の数は多く，また，年齢が同じでも体長の大きい個体の方が寄生者の数が多い」

この仮説では2つのことを述べているので，それらを分割して考える。前半を

〈体長が同じでも年齢の高い個体の方が寄生者の数は多い〉　……(＊)

後半を

〈年齢が同じでも体長の大きい個体の方が寄生者の数が多い〉　……(＊＊)

とする。

第一に，(＊)がいえるのは，横軸（体長）のどの点からみた場合でも，年齢の高い個体（実線）のグラフが年齢の低い個体（点線）よりも常に上方にあるときである。これに該当するのは①・②・③である（⑥・⑦・⑧は逆の結果になっている。また，④・⑤は点線のグラフが実線のグラフより上方にある場合があるという結果なので，この仮説を支持しない）。

第二に，(＊＊)がいえるのは，同じ年齢の集団において体長と寄生者の数の関係が正比例している（図のグラフが右上がりになっている）ときである。これに該当するのは①・⑥である（②・⑧は比例関係でないので不適である。③・⑦は正比例の関係ではない。また，④・⑤は年齢により比例関係が異なるので，この仮説を支持しない）。

以上より，(＊)・(＊＊)をともに満たすものがA君の仮説を支持する図であるから，正しい図は①である。

〔参考〕 実際の入試問題ではさらに別の仮説が提示され，その仮説を確認するための方法を解答する問題が出題された（解答は記述式）。以下が設問および解答例である。やや難しいかもしれないが，考察問題の訓練として参考にしてほしい。

（記述式設問）　B君は，魚の体長と年齢，体表の寄生者の数に図１～３で示されたような関係がみられた理由として，次のような仮説（B君の仮説）を立てた。これを確認するためには，どのような実験・調査を行ったらよいか，提案しなさい。どのような結果が得られたときにB君の仮説を支持できるのかもあわせて説明すること。

（B君の仮説）　体表の寄生者の数は体長と直接の因果関係はない。しかし，年齢が高いほど体表の寄生者の数が多くなるため，体長と体表の寄生者の数の間にはみかけ上の関係が生じる。

（解答例）　まず，同じ年齢の魚を多数集め，同じ年齢内で体長を横軸，寄生者の数を縦軸にプロットしてその相関関係を調べる。その結果，どの年齢においても体長と寄生者の数の間に相関関係がみられなければ，寄生者の数は体長と直接の因果関係はないといえる。次に，ほぼ同じ体長の魚を多数集め，その中で年齢を横軸，寄生者の数を縦軸にとってその相関関係を調べる。その結果，どの体長においても両者に正の相関関係がみられれば，B君の仮説は正しいことが証明される。

23　標準　《フジツボ個体群の生態調査》

問1　1　正解は⑦

生態調査の方法についての知識問題と調査結果の読み取り問題である。

ア　区画法とは，一定面積の枠などの区画を設置してその中の個体数，生体量，種数などを調査する方法である。

イ　標識再捕法とは，最初に捕獲した個体（s 個体）に標識をつけて放し，その後再捕獲した個体（n 個体）中に標識のある個体（m 個体）が存在するとき，総個体数（N 個体）を，$N=\frac{s\times n}{m}$ として推定する方法である。この方法では標識個体が個体群内に十分に分散（未標識個体が混合）し，再捕獲時に標識個体が個体群内に均質に存在することが必要である。そのほか，個体群に，出生，死亡，移出，移入がなく，標識個体と未標識個体の捕獲されやすさに差がないことや標識が消失しないことなどの条件も必要となる。

ウ　図の横軸に着目すると，最も個体数が多かった地点が中域（○）の 230 個/25cm^2 程度であるのに対し，最も個体数が少なかった地点は高域（△）の 10 個/25cm^2 程度であり，それぞれの区域で合計してみると，高域の個体数が最も少ない。

エ　図の縦軸に着目すると，最も生存率が低かった地点は高域（△）のおよそ 0.05 である。他の地点も合わせて区域ごとに比べても，高域の生存率が最も低い。

オ　中域（○）の各地点の生存率をグラフとしてみると，右下がりになっている。つまり，個体数が多いほど生存率が低下していることが読み取れる。

問2　2　正解は②　　3　正解は②　　4　正解は②

生態と体内の環境に関する知識問題である。

2　汽水域に生息するカニ（モクズガニなど）は，海水の塩分濃度が低下しても体液の浸透圧調節を行い，浸透圧低下を防ぐことができる。よってこの記述は妥当でない。一般に，汽水域や潮間帯は外界の浸透圧変化が激しいため，こうした地域に生息する無脊椎動物（ゴカイ，イソギンチャクなど）は塩類の能動輸送などの浸透圧調節を行っている。

3　生態的地位には食性など生息場所以外の要素も含まれるので，同じ場所に生息しているだけでは同じ生態的地位とはいえない。よってこの記述は妥当でない。生態的地位（ニッチ）とは，生物種が生息する環境において，その種が占めている生態的な位置や役割を指す。フジツボに対して巻貝や二枚貝は捕食者であり，このような栄養段階の異なる種間でニッチが一致することはない。また，一般に同じニッチを同時に異なる種が占めることはできない。しかし，時間や空間をすみわけたり，餌を食いわけたりすることによって共存は可能になる。

| 4 | 一般的に上位の栄養段階の生物の生体量は下位の栄養段階の生物の生体量よりも小さく，その関係はピラミッド型になる。よってこの記述は妥当でない。ただし，特定の時期の植物プランクトンと動物プランクトンのように，上位と下位の生体量が逆転することもある。

24 やや難 《遷移とバイオーム》

◆ねらい◆バイオームの形成過程についての理解をもとに，花粉や土壌中に含まれる微細な炭化物を題材として，初見の資料から必要なデータや条件を抽出・収集し，情報を統合しながら課題を解決する力が問われている。

問1　1　正解は①

堆積した花粉量の推移データからわかるバイオームの変化について，植生の遷移やバイオームに関わる基礎知識をもとに，図の花粉量の変化についての説明として合理的ではない推論を特定する問題である。（正答率 15.5%）

着眼点　コメツガ・オオシラビソとブナ・ミズナラがそれぞれどのような気候帯により適しているのかという，基礎知識を当てはめながら考察する。

ⓐ**合理的でない**。コメツガ・オオシラビソは，ブナ・ミズナラよりも標高が高い，寒冷な場所に生育する。よって，コメツガ・オオシラビソの花粉が「標高の低い，暖かい場所から飛散」するという記述は，合理的ではない。

ⓑ**合理的である**。温暖化の過程で，もともとコメツガ・オオシラビソが生育していた場所に，より温暖な場所での生育に適しているブナ・ミズナラが生育するようになると考えられるが，コメツガ・オオシラビソとブナ・ミズナラ間で，生息場所を巡る競争があることも容易に想像できる。よって，合理的な記述である。

ⓒ**合理的である**。温暖化の過程で，コメツガ・オオシラビソが生育していた場所に，ブナ・ミズナラが生育するようになると考えられるが，その際に，ブナ・ミズナラは種子をより標高の高い側に散布する必要がある。より標高の高い側に散布し，それが生育・定着してはじめてブナ・ミズナラに置き換わる。よって「種子の散布距離の制約により，バイオームがゆっくりと入れ替わった」という記述は合理的である。

問2　2　正解は①・⑤

（2 は過不足なくマークした場合のみ正解）

図の花粉量や微粒炭の推移データから，遷移の進行が二次遷移としては遅い理由について，植生の遷移に関わる基礎知識をもとに，合理的な推論を特定する問題である。（正答率 10.0%）

着眼点　火入れの後，草原の状態が 300 年も続いたこと，アカマツは陽樹であり，アカマツ林の成立から約 300 年間も陰樹に置き換わっていないところに注目する。この設問も基礎知識を当てはめながら考察する。

①**適当**。人間が行った火入れ（森林や草原を焼き払うこと）によって，生育していた植物が失われるだけではなく，土壌中の有機物も燃焼により失われると推察さ

れる。よって，合理的な推論である。

②不適。図２から，微粒炭が草本の生育に影響（抑制）しているとはいえない。よって，合理的な推論ではない。

③不適。「火入れのために日照がさえぎられて」という記述は明らかに誤りである。

④不適。図２の微粒炭のデータから，火入れは600年前には盛んに行われていたが，現在は行われていないことが読み取れる（実際に，現在はアカマツ林が成立しているので火入れが行われていない）。したがって，極相林を構成する夏緑樹の種子が「火入れのために」供給されなかったという記述は誤りである。

⑤適当。火入れが盛んに行われた600年前以降，300年前までの300年間も草原の状態が続き，300年前～現在にかけてアカマツ林が成立してその状態が続いているのは，何らかのかく乱が続いていることを示唆している。よって，「人間の活動によるかく乱が続いたため」という記述は合理的な推論である。

コラム　Q&A 生物学習のコツ　（2）共通テストへの展望編

ここでは，共通テストにみられる特徴をふまえた，学習のポイントとコツについて答えていただきました。
（回答：鈴川茂先生）

観察・実験・調査についての問題に強くなるためのコツはありますか？

A　仮説を検証する力を身につけよう。

教科書や図説・資料集に記載されている**「探究活動」についてしっかり読み込んでおくこと**をお勧めします。その際には，仮説の設定や，その仮説を検証するための実験の方法や結果・考察の項目を意識してみてください。ある現象に対していくつかの仮説が立てられたとき，**自分と他人の考え方の違いを明確化し，解決していく力**があれば，そのような問題に強くなります。今後の大学入試ではこうした力を試す問題が多く出題されることが見込まれます。したがって，他の人とある仮説について意見を出し合い，話し合うことも非常に効果的です。

総合的な問題，分野融合問題に対応するためには何をすべきでしょうか？

A　複数分野の情報をつなげてみよう。

ある１つの分野について勉強したときに，**“他の分野とつなげることができないか？”**ということを常に意識し，つなげることができた場合は，ノートなどにまとめていくとよいです。その一例を下に示します。これは「視覚器」の分野と「誘導の連鎖」の分野の情報をつなげてまとめたものです。このように，自分なりの方法で情報を整理していくことで，分野横断型の問題に対応する力が身につくはずです。

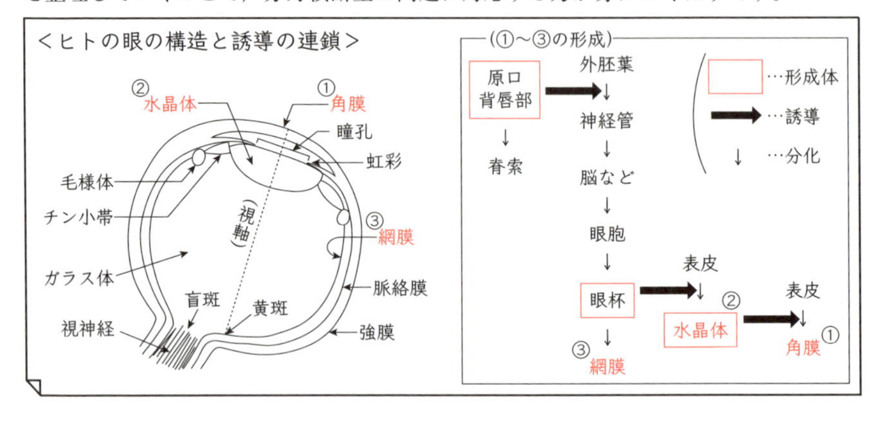

第５章　生物の進化と系統　指 針

分野の特徴

「生態と環境」と同様，かつては出題範囲外だった分野である。プレテストにおいては，この分野に関わる出題の割合がセンター試験に比べて増加し，生物が進化してきた変遷や系統関係をテーマにした出題がみられた。進化や系統はどの分野とも関連づけることが可能な分野であり，例えば，細胞の構造や代謝のしくみと関連づけた問題などは，二次・個別試験でも見受けられる。日常の学習においても，生命現象を進化的な見方で捉えることを意識しておきたい。

● 生命の起源と進化

進化のしくみと生物の変遷が最重要項目である。2021 年度共通テスト第 1 日程では遺伝子頻度の計算問題，第 2 日程では適応進化や中立進化に関する実験考察，2020 年度センター本試験では遺伝子頻度の計算や植物の系統関係の推定といった出題がみられた。生態と系統分類を関連づけた出題がみられ，進化という視点を常に意識しながら学ぶことが求められている。集団における遺伝子頻度の変化，ハーディ・ワインベルグの法則，自然選択と遺伝的浮動について，計算も含めて対応できるようにしておこう。2018 年度本試験では分子時計についての計算問題が出題された。塩基置換速度から種が分岐した年代を推定する手法についても確認しておこう。共進化や適応放散など，種分化のしくみにおいて重要な用語については，正誤判定問題にも対応できるよう，それぞれの意味を簡単に説明できるようにしておきたい。生物の変遷については，生命の誕生から現在に至るまでの生物の進化の過程を一通り整理して覚えておきたい。共生説に代表されるような，生命の起源に関わる生物学史についても意識しておくとよいだろう。

● 生物の系統

生物の系統分類法についての問題が 2015 年度以降のセンター試験では頻出となっており，十分な知識がないと応用的な問題に対応できない恐れがある。主な分類方法である 3 ドメイン説とホイタッカーの五界説について確実に理解しておくこと。また，動物・植物の系統関係については，他分野と関連づけて出題される可能性があるので，それぞれしっかり整理しておこう。系統樹の隅々まで完璧に暗記するのはそう簡単ではないが，どの生物種が近縁に当たるかという関係を大まかに理解しておくだけでも，知識を応用する問題に取り組む際に役立つであろう。

第５章　生物の進化と系統　演習問題

25　センター試験 2017 年度本試 生物

生物の系統と進化に関する次の文章（A・B）を読み，下の問い（問１～６）に答えよ。
〔解答番号［１］～［６］〕

A　哺乳類は中生代の［ア］に，鳥類は［イ］に出現した。中生代は約［ウ］年前に終わり，新生代になると哺乳類や鳥類は多様化した。哺乳類に関して，ある研究ではDNAの塩基配列をもとに，次の図１のような系統関係を支持する系統樹が得られている。この系統樹の［エ］～［カ］には，イヌ，ハツカネズミ，アフリカゾウのいずれかが入る。

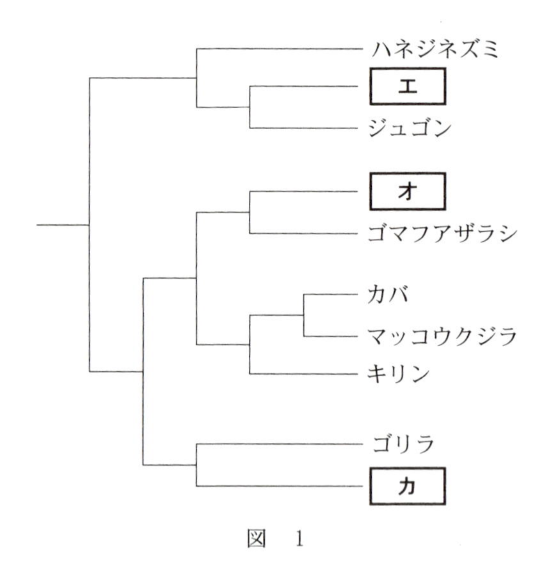

図　1

問１　上の文章中の［ア］～［ウ］に入る語と数値の組合せとして最も適当なものを，次の①～⑥のうちから一つ選べ。［１］

	ア	イ	ウ
①	ジュラ紀	白亜紀	6600 万
②	ジュラ紀	白亜紀	2300 万
③	三畳紀	白亜紀	6600 万
④	三畳紀	白亜紀	2300 万
⑤	三畳紀	ジュラ紀	6600 万
⑥	三畳紀	ジュラ紀	2300 万

問2　イヌ，ハツカネズミ，アフリカゾウ，マッコウクジラ，およびキリンの間には，次のⓐ，ⓑに示すような類縁関係があることが分かっている。

ⓐ　ハツカネズミは，アフリカゾウよりマッコウクジラと近縁である。
ⓑ　キリンは，ハツカネズミよりイヌと近縁である。

このとき，上の図１の［エ］～［カ］に入る動物の組合せとして最も適当なものを，次の①～⑥のうちから一つ選べ。［2］

	エ	オ	カ
①	アフリカゾウ	ハツカネズミ	イ　ヌ
②	アフリカゾウ	イ　ヌ	ハツカネズミ
③	イ　ヌ	アフリカゾウ	ハツカネズミ
④	イ　ヌ	ハツカネズミ	アフリカゾウ
⑤	ハツカネズミ	アフリカゾウ	イ　ヌ
⑥	ハツカネズミ	イ　ヌ	アフリカゾウ

問3　シーラカンス，イチョウ，ソテツ，カモノハシなどの生物は生きている化石とよばれている。これらの種に関する記述として**誤っているもの**を，次の①～④のうちから一つ選べ。［3］

①　シーラカンスは，肉質のひれをもつ硬骨魚類である。
②　イチョウは，精子をつくる被子植物である。
③　ソテツは，種子をつくる裸子植物である。
④　カモノハシは，卵を産む哺乳類である。

第5章

B　生活集団中には，通常たくさんの遺伝的変異が含まれており，その集団における個々の対立遺伝子の割合を(a)遺伝子頻度という。ある条件の下では，世代を経ても集団内の遺伝子頻度は変化しないことが分かっており，［キ］とよばれている。

問4　下線部(a)に関して，ある地域に生息する植物がもつ対立遺伝子A，aについて，遺伝子型AA，Aa，aaをもつ個体の数を調べたところ，それぞれ250，200，50であった。このとき対立遺伝子Aの遺伝子頻度として最も適当なものを，次の①～⑧のうちから一つ選べ。［4］

①　0.50	②　0.60	③　0.67	④　0.70
⑤　0.75	⑥　0.80	⑦　0.88	⑧　0.90

問5　上の文章中の［キ］に入る語句として最も適当なものを，次の①～⑤のうちから一つ選べ。［5］

①　シャルガフの法則
②　全か無かの法則
③　ハーディ・ワインベルグの法則
④　分離の法則
⑤　優性の法則

問6　十分に大きな集団において遺伝子頻度が変化する場合，その要因として**適当でないもの**を，次の①～④のうちから一つ選べ。［6］

①　自然選択がはたらく。
②　集団内の個体が自由に交配する。
③　集団内に突然変異が生じる。
④　他の集団との間で個体の移出入が起こる。

26 国立看護大学校 2017年度

生物の進化と系統に関する次の文章（A・B）を読み，下の問い（問1～5）に答えよ。
〔解答番号 1 ～ 5 〕

A　かつて生物は，（　ア　）と（　イ　）の2つに分けられていた。このような考え方を二界説という。しかし，多くの生物の構造やその構造のはたらき，からだを構成する物質の違いなどが明らかになるにつれ，二界説では説明できないことが増えてきた。そこで，19世紀，ヘッケルは単細胞生物を（　ウ　）として区別し，（　ア　），（　イ　），（　ウ　）の3つに分ける三界説を提唱した。さらに，20世紀，ホイタッカーは原核生物を原核生物界，三界説で（　ア　）に含められていた一部の生物を（　エ　）として区別する五界説を提案した。その後，当初は（　ア　）に含められていた多くの藻類が（　ウ　）に含められるようになるなど，五界説は改変が重ねられてきた。

近年，分子レベルでの研究が進み，単純に見える原核生物の中にも極めて大きな多様性があることがわかってきた。そこで，ウーズらは，界とは異なる分類としてオドメインとよばれる考え方を提唱している。

このように，分類の最も上位の階級は時代とともに変化してきたが，よりカ下位の階級についても，見直しと改善が常に行われている。

問1　Aの文章中の（　ア　）～（　エ　）にあてはまる語句の組合せとして最も適当なものを，次の①～⑥のうちから一つ選べ。 1

	ア	イ	ウ	エ
①	動物界	植物界	菌界	原生動物界
②	動物界	植物界	原生動物界	菌界
③	動物界	植物界	菌界	原生生物界
④	植物界	動物界	原生生物界	菌界
⑤	植物界	動物界	原生動物界	原生生物界
⑥	植物界	動物界	原生生物界	原生動物界

問2　下線部**オ**に関して，ウーズらの提唱したドメインについての説明として最も適当なものを，次の①〜⑥のうちから一つ選べ。 2

① 電子伝達系に関する遺伝子の塩基配列をもとに，全生物を3つのドメインに分けた。原核生物の2つのドメインのうち，より真核生物に近縁なのは細菌ドメインである。
② 電子伝達系に関する遺伝子の塩基配列をもとに，全生物を3つのドメインに分けた。原核生物の2つのドメインのうち，より真核生物に近縁なのは古細菌ドメインである。
③ tRNAの塩基配列をもとに，全生物を3つのドメインに分けた。原核生物の2つのドメインのうち，より真核生物に近縁なのは細菌ドメインである。
④ tRNAの塩基配列をもとに，全生物を3つのドメインに分けた。原核生物の2つのドメインのうち，より真核生物に近縁なのは古細菌ドメインである。
⑤ rRNAの塩基配列をもとに，全生物を3つのドメインに分けた。原核生物の2つのドメインのうち，より真核生物に近縁なのは細菌ドメインである。
⑥ rRNAの塩基配列をもとに，全生物を3つのドメインに分けた。原核生物の2つのドメインのうち，より真核生物に近縁なのは古細菌ドメインである。

問3　下線部**カ**に関して，次の図1は動物の系統樹である。図中の（　**キ**　）〜（　**ケ**　）にあてはまる語句の組合せとして最も適当なものを，下の①〜⑥のうちから一つ選べ。 3

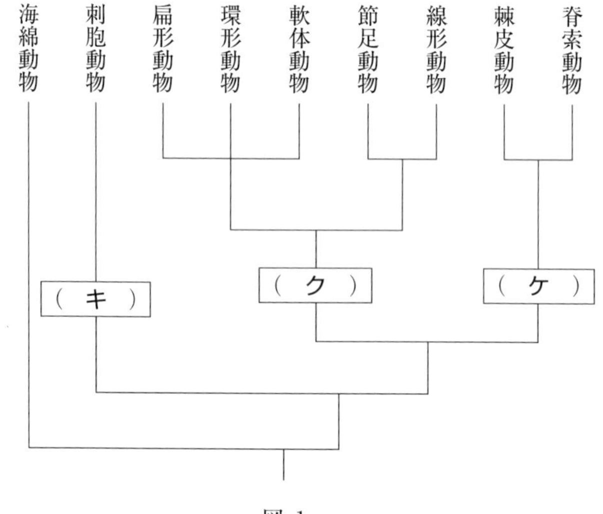

図1

	キ	ク	ケ
①	三胚葉	新口動物	旧口動物
②	三胚葉	旧口動物	新口動物
③	二胚葉	新口動物	旧口動物
④	二胚葉	旧口動物	新口動物
⑤	胚葉なし	新口動物	旧口動物
⑥	胚葉なし	旧口動物	新口動物

B　地球上には多種多様な生物が存在している。これらの生物は，多くの分類群の絶滅と出現の繰り返しを経て進化してきた。過去には$_{コ}$地球環境の変化などを原因として，少なくとも5回の大量絶滅があったといわれている。そして大量絶滅の後には，それまでとは異なる種類の生物が繁栄するようになることが多い。例えば，約2億5000万年前には三葉虫などの生物が姿を消した。そしてその後，それらの生物が占めていた生態的地位を埋めるような形でアンモナイトなどの生物が多様化し，繁栄した。

現在，進化とは種という集団の遺伝子構成の変化であるととらえられている。集団内の$_{サ}$遺伝子頻度は，自然選択や遺伝的浮動によって変化することがある。

問4　下線部コに関して，地質時代の地球環境の変化についての記述として**誤っているもの**を，次の①～⑥のうちから一つ選べ。 [4]

① 約20億年前に大気中の酸素濃度が上昇したのは，おもにシアノバクテリアによる光合成が原因である。

② 40億年前の大気には二酸化炭素がほとんど含まれていなかったが，呼吸を行う生物の増加にともなって増加し，30億年前には現在とほぼ同濃度になった。

③ 酸素の濃度が増すにつれて，酸素を利用して有機物を二酸化炭素と水に完全に分解し，エネルギーを効率的に取り出す好気性の生物が繁栄するようになった。

④ 大気中の酸素濃度の上昇にともないオゾン層が形成されると，地表に到達する太陽光線中の紫外線が軽減されるようになった。

⑤ 約2億5000万年前の大量絶滅は，酸素濃度が低下したためと考えられている。

⑥ 約6600万年前から地球の寒冷化が起こり，多くの爬虫類が絶滅したが，哺乳類と鳥類は絶滅した爬虫類の生態的地位を受け継いで適応放散が進み，多様化した。

問5　下線部**サ**に関して，いま，ハーディ・ワインベルグの法則が成り立つ生物の集団がある。この集団における1対の対立遺伝子A，aは常染色体上に存在する遺伝子で，遺伝子Aは表現型〔A〕，遺伝子aは表現型〔a〕を発現させる。また，Aはaに対して優性である。この集団で10000個体の表現型を調べたところ，〔A〕が1900個体，〔a〕が8100個体であった。このとき，遺伝子Aの頻度として最も適当なものを，次の①～⑥のうちから一つ選べ。［5］

①　0.1	②　0.2	③　0.3
④　0.7	⑤　0.8	⑥　0.9

27 第1回プレテスト 第5問 B

次の文章を読み，下の問い（問1～3）に答えよ。
〔解答番号 1 ～ 3 〕

ヒトの耳垢（みみあか）の性質はABCC11という遺伝子の多型と関連しており，遺伝子型AAでは乾いた耳垢，遺伝子型GAとGGでは湿った耳垢になる。集団における対立遺伝子頻度は，地域によって異なっている。ある高校の生徒たちが，生徒自身，両親および祖父母の耳垢の性質について調べたところ，次の表1のデータが得られた。なお，生徒が調べた家族は，3世代以上にわたって同じ地域に住み続けているものとする。

表 1

対象	乾いた耳垢	湿った耳垢
自分(生徒)	90 人	21 人
両親	164 人	不明＊
祖父母	234 人	55 人

＊：両親における湿った耳垢の人数は示していない。

問1 生徒が調べた集団における対立遺伝子Gの頻度の推定値として最も適当なものを，次の①～⑧のうちから一つ選べ。 1

① 0.081　② 0.100　③ 0.150
④ 0.190　⑤ 0.810　⑥ 0.850
⑦ 0.900　⑧ 0.919

問2 生徒の両親集団における遺伝子型GAの人数の推定値として最も適当なものを，次の①～⑧のうちから一つ選べ。 2

① 2　② 13　③ 16
④ 19　⑤ 21　⑥ 36
⑦ 39　⑧ 44

問3 次の表2は，世界の各地域に現在住んでいるヒト集団における対立遺伝子Aの頻度を示す。表2の結果から考え得る合理的な推論として適当なものを，下の①～

⑥のうちから二つ選べ。 3

表　2

地域	対立遺伝子Aの頻度
東アジア(大陸北部)	0.977
東南アジア(北部)	0.696
東南アジア(南部)	0.175
ヨーロッパ(南部)	0.103
ヨーロッパ(西部)	0.208
ヨーロッパ(東部)	0.246
ヨーロッパ(北部)	0.093
東シベリア	0.786
アラスカ	0.515
中南米	0.167
中東	0.276
西アフリカ	0.000
東アフリカ	0.010

① 対立遺伝子Aをもつヒトは，より温暖な気候に適応している。
② 対立遺伝子Aをもつヒトは，より湿度が低い地域に適応している。
③ 対立遺伝子Aをもつヒトは，より海抜の低い地域に適応している。
④ 対立遺伝子Aは，中東で生じ，人類の移動に伴って分布を広げた。
⑤ 対立遺伝子Aは，東アジアから遺伝的交流によって分布を広げた。
⑥ 対立遺伝子Aは，世界の各地域で様々な頻度で独立に生じた。

28 名城大学（B方式・薬学部）2016年度・改

次の文章を読み，下の問い（問1～2）に答えよ。
〔解答番号 1 ～ 4 〕

ゲノム中の決まった塩基配列がくり返し現れる部分を反復配列という。反復配列はゲノム中に複数存在し，反復配列中の塩基配列の反復回数は多様であり，父親由来のDNAと母親由来のDNAを比べた場合に特定の反復配列中のくり返し回数が異なる場合が多い。ある地域の住民200人のゲノム領域Xの反復配列パターン（反復配列中の反復回数）を調査するために，領域Xの両端に特異的に結合するプライマーを用いるPCR法により，各個人のDNAから領域Xの反復配列を含むDNA断片（反復配列部分）を増幅した。増幅されたDNA断片は電気泳動により分離され，その結果を模式的に図に示している。さらに，個人ごとの領域Xの反復配列パターンには図の(A)～(F)の6種類がみつかり，それぞれについて観察された人数を示している。また，ゲノムの個人間の比較では，(a)<u>DNA塩基配列の約0.1％に違いがあり，その多くは，翻訳されない領域に存在していた。エキソン部の変異を認める場合もあったが，指定するアミノ酸が同じであったり，変化してもタンパク機能に影響しないものであった。</u>

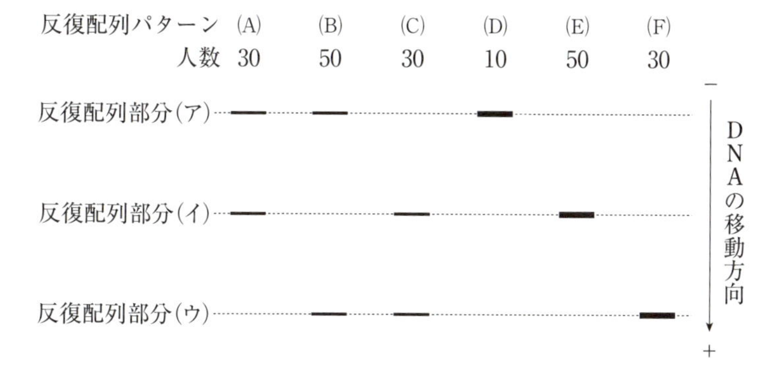

問1　図で検出された領域Xの反復配列部分(ア)・(イ)・(ウ)それぞれの遺伝子頻度として最も適当なものを，下の①～⑧のうちから一つずつ選べ。

(ア) 1　　(イ) 2　　(ウ) 3

① 0.25　② 0.30　③ 0.35
④ 0.40　⑤ 0.55　⑥ 0.65
⑦ 0.70　⑧ 0.75

問2　下線部(a)について，DNAの反復配列や翻訳されない領域での塩基の変化に関することとして最も適当なものを，次の①～⑤のうちから一つ選べ。 4

① 自然選択は，タンパク質のアミノ酸配列に変化を起こさないようなDNA塩基の置換にもはたらく。
② 有利でも不利でもない遺伝子が偶然によって選ばれることを遺伝的浮動という。
③ 自然選択は，直接遺伝子にはたらき，集団内の遺伝子頻度に影響をおよぼす。
④ 自然選択は不利な対立遺伝子が，性選択によって選ばれることで起こる。
⑤ ある対立遺伝子の頻度は，大きな集団ではしだいに増加し，小さな集団ではしだいに減少する。

29　第１回プレテスト　第４問　B

次の文章を読み，下の問い（問１～３）に答えよ。
〔解答番号［ 1 ］～［ 3 ］〕

被子植物の多様化の過程を調べるため，８種の現生の被子植物に見られる花粉を調べたところ，花粉管が発芽する孔（発芽孔）の数について，次の表１に示す多様性が観察された。また，それら８種について分子系統樹を作成したところ，下の図１に示す結果が得られた。

表　1

被子植物の種	発芽孔の数(個)
アカザ	4 以上
ウド	3
オニユリ	1
クルミ	4 以上
ジュンサイ	1
ハス	3
ブナ	3
モクレン	1

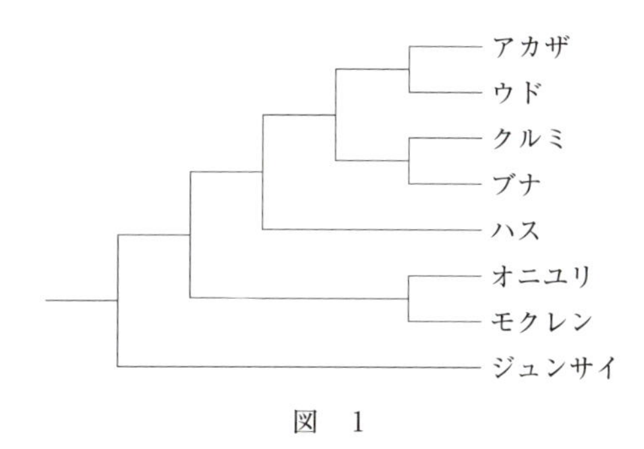

図　1

問１　発芽孔の数が進化した過程について，表１と図１の結果から導かれる考察として最も適当なものを，次の①～⑨のうちから一つ選べ。［ 1 ］

①　３個，１個，４個以上の順に進化した。

② 3個，4個以上，1個の順に進化した。
③ 3個から，4個以上と1個が同時に進化した。
④ 4個以上，1個，3個の順に進化した。
⑤ 4個以上，3個，1個の順に進化した。
⑥ 4個以上から，3個と1個が同時に進化した。
⑦ 1個，3個，4個以上の順に進化した。
⑧ 1個，4個以上，3個の順に進化した。
⑨ 1個から，3個と4個以上が同時に進化した。

問2　被子植物が出現した時代の花粉の化石について，発芽孔の数，生育した年代，および生育していた場所の当時の緯度を調べたところ，次の表2の結果が得られた。被子植物の分布の変化について述べた記述のうち，表1・表2および図1の結果から導かれる推論として最も適当なものを，下の①～④のうちから一つ選べ。［2］

表　2

試料番号	発芽孔の数(個)	年代(百万年前)	当時の緯度
1	3	67	北緯 60°
2	3	90	南緯 40°
3	1	67	北緯 60°
4	1	110	南緯 20°
5	1	135	北緯 5°
6	1	130	南緯 10°
7	3	110	北緯 25°
8	1	110	北緯 30°
9	1	100	南緯 35°
10	1	120	北緯 10°
11	3	90	南緯 20°
12	3	80	北緯 40°
13	4以上	67	北緯 60°
14	4以上	67	南緯 55°

① 当時の赤道付近に出現し，高緯度方向に分布を広げた。
② 当時の北極付近に出現し，南方向に分布を広げた。
③ 当時の南極付近に出現し，北方向に分布を広げた。
④ 当時の北緯 30° 付近に出現し，南北方向に分布を広げた。

問 3　次の写真①～⑤はそれぞれ，アウストラロピテクス，アンモナイト，イチョウ，恐竜，三葉虫のいずれかの化石である。これらの中で，被子植物が出現する以前に絶滅した生物として最も適当なものを，①～⑤のうちから一つ選べ。［ 3 ］

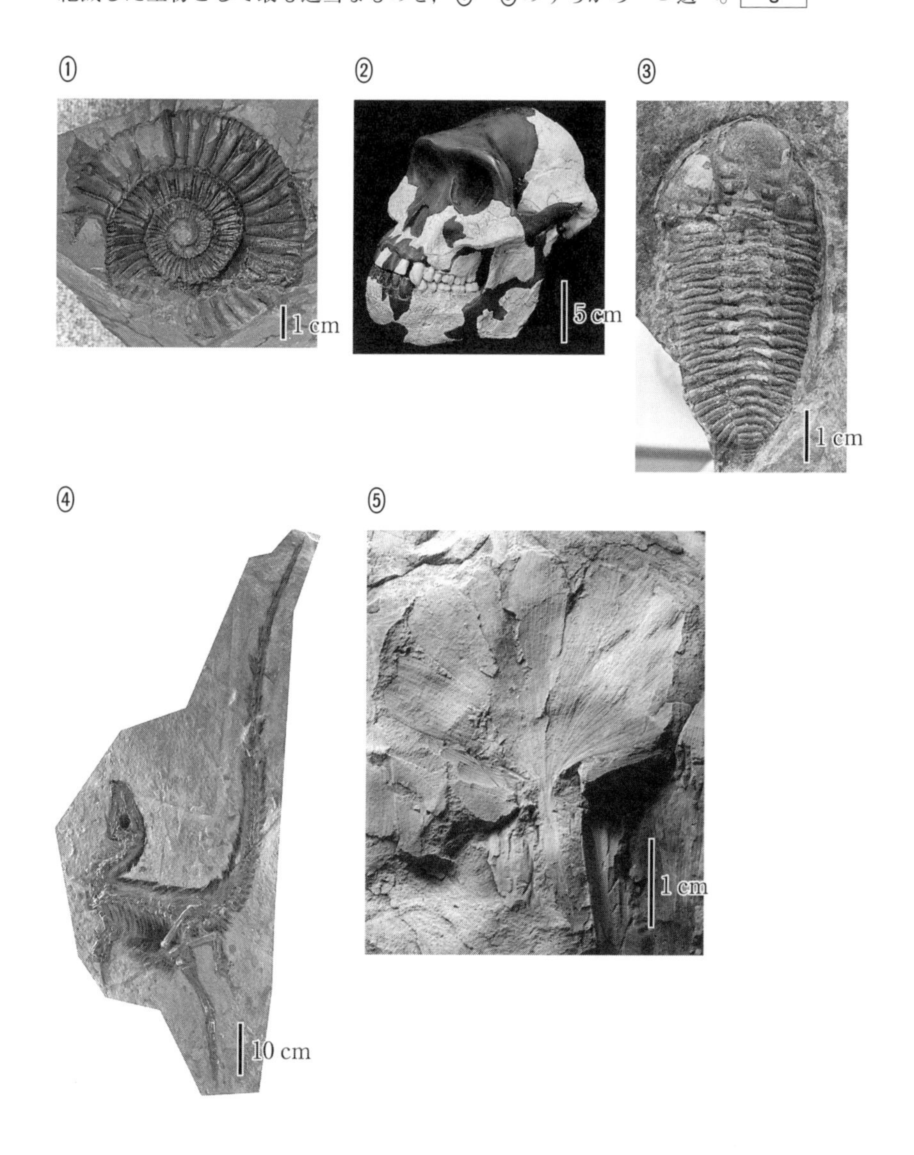

30　弘前大学（前期日程）2018年度・改

次の2人のやりとりを読み，下の問い（問1～3）に答えよ。
〔解答番号 1 ～ 13 〕

A<u>ウオノエ</u>って知ってる！？

なにそれ？

ダンゴムシの仲間。

魚の口の中とかに寄生する。

へぇ～，どう B<u>進化</u>したらそうなるんだろう。

じゃあクリオネは知ってる！？

ああ，ハダカカメガイでしょ。

まあ大きくなったら貝殻なくなるけど。

なんだ知ってるんだ。

そういえばこの前のフジツボってどうしたの？

おいしかったよ。

まあエビとかカニの仲間だからね。

え，食べたの！？

えっ，食べないの！！？？

食べてみたい！　今度料理のしかた教えて！！

問1　下の図は，主な動物の系統関係を示したものである。上の2人のやりとりを参考にして，以下の生物が入るのに最も適当な位置を，図中の①～⑤よりそれぞれ一つずつ選べ。なお，同じものを繰り返し選んでもよい。

ウオノエ　1　　　クリオネ　2

フジツボ　3　　　ヒト　4

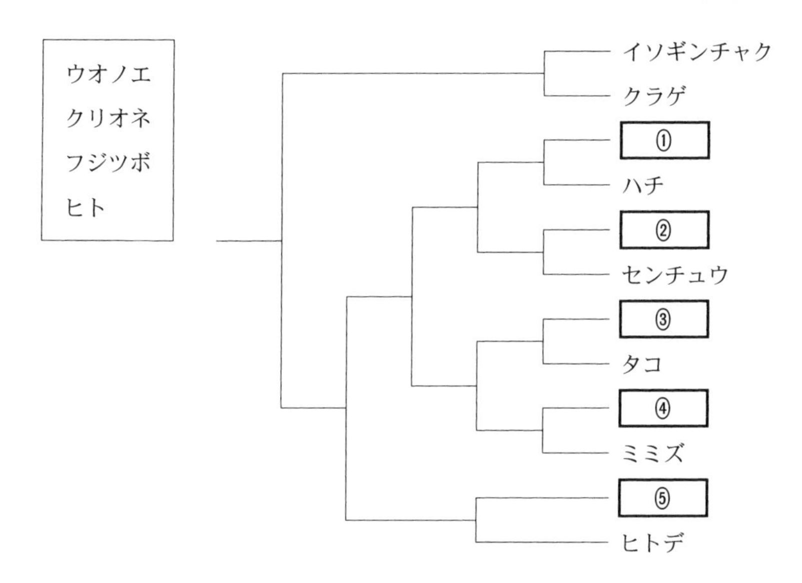

問2　下線部Aに関し，下の図はウオノエ科に関して推定されている，寄生する宿主（寄主）の体の部位に対する進化の概要を示したものである。ウオノエ科の種によって寄生する部位が異なり，下の図のように，宿主の体表面，口の中，鰓(えら)などの部位のいずれかに寄生する。図中のｃ，ｉ，ｋにおいて，寄生する部位に対する以下の①～⑥に示した進化のいずれかが起きたと考えられる。このとき，ｃ，ｉ，ｋのそれぞれについて，どの部位からどの部位への進化が起きたかを答えよ。

ｃで起きた進化 [5]

ｉで起きた進化 [6]

ｋで起きた進化 [7]

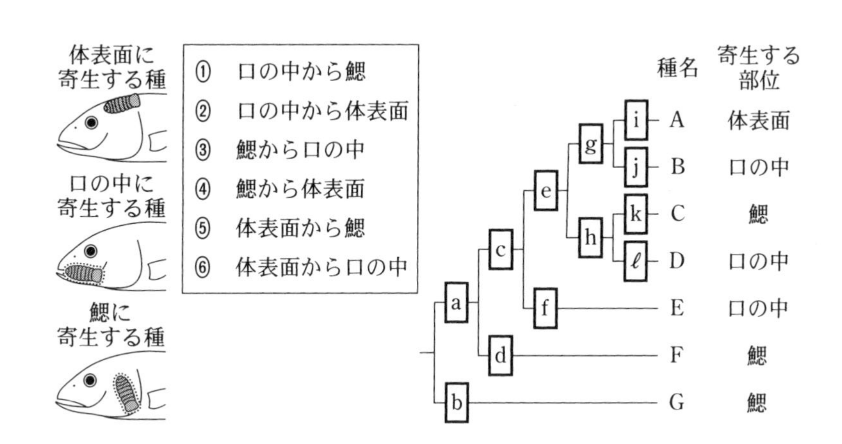

問3　下線部Bについて，以下の設問(a)と(b)に答えよ。

(a)　以下のア～エについて，正しいものには①，誤っているものには②をマークせよ。

ア．自然選択に対して中立な突然変異が，ある遺伝子に生じても，自然選択は働かないため，この遺伝子に関する進化は生じない。［8］

イ．生物が生息する環境によって有利な形態や生態は異なるため，環境の異なる地域間では，たとえ同種であっても，個体群間で異なった進化が生じる場合がある。［9］

ウ．自然選択による進化は種の保存のために生じるものであり，一般に，自分を犠牲にしてでも種が存続するような，種にとって有利な形態や生態が進化していく。［10］

エ．共進化は，相利共生の関係にある生物間で生じるものであり，捕食者と被食者の間や，寄生者と宿主の間で生じることはない。［11］

(b)　下の図は，ある動物分類群の系統樹を示している。この分類群において，利用する餌に対する適応放散もしくは収束進化（収れん）が過去に生じた場合には，現存する種A～Fが利用する餌の組合せはどのようになると予想されるか。最も適当なものを，①～④よりそれぞれ一つずつ選べ。

適応放散［12］

収束進化（収れん）［13］

種名	利用する餌の組合せ			
	①	②	③	④
A	大型の種子	サボテンの葉	サボテンの葉	昆　虫
B	大型の種子	サボテンの葉	昆　虫	昆　虫
C	大型の種子	花	大型の種子	昆　虫
D	大型の種子	昆　虫	サボテンの葉	大型の種子
E	大型の種子	小型の種子	大型の種子	大型の種子
F	大型の種子	大型の種子	大型の種子	大型の種子

第5章 生物の進化と系統 解答解説

25

A  《生物の進化と系統》

問1  1 正解は⑤

生物の変遷に関する知識問題である。

ア．哺乳類は中生代のはじめの三畳紀に誕生。恐竜の誕生とほぼ同じ。

イ．羽毛をもつ鳥類の祖先はジュラ紀の化石からみつかっている。始祖鳥もジュラ紀に誕生している。

ウ．恐竜の絶滅が起こった中生代の終わり（新生代の始まり）は約6600万年前。

問2 2 正解は②

生物の系統に関する考察問題である。

ⓐ**エ**～**カ**をマッコウクジラに近縁な順に並べると，**オ**→**カ**→**エ**である。

ハツカネズミはアフリカゾウよりもマッコウクジラに近縁なのだから，**オ**か**カ**。

ⓑ**エ**～**カ**をキリンに近縁な順に並べると，ⓐと同じく**オ**→**カ**→**エ**である。

ハツカネズミはイヌよりもキリンに近縁ではないのだから，**カ**か**エ**。

ⓐ，ⓑより，ハツカネズミはカであるとわかる。ハツカネズミよりもキリンに近縁なイヌはオ，マッコウクジラに近縁でないアフリカゾウはエであるとわかる。

問3 3 正解は②

生物の系統に関する知識問題である。

①**正文**。両生類の祖先に近い特徴をもつと考えられている。

②**誤文**・③**正文**。イチョウとソテツは精子をつくる裸子植物である。

④**正文**。哺乳類とは「母乳で子供を育てる」動物という意味であり，カモノハシやハリモグラのように卵を産むものもいる。

B  《遺伝子頻度》

問4  4 正解は④

遺伝子頻度に関する計算問題である。

対立遺伝子Ａの遺伝子頻度は次のように表すことができる。

$$\frac{\text{対立遺伝子Aの総数}}{\text{全個体中の対立遺伝子の総数}} = \frac{250\times2+200\times1}{(250+200+50)\times2} = \frac{700}{1000} = 0.70$$

問5　5　正解は③

遺伝子頻度に関する知識問題である。

遺伝子頻度が変化しないということを示した法則はハーディ・ワインベルグの法則。ちなみに，正答以外の法則の内容は以下の通り。

①2本鎖DNAを構成する塩基の割合が，A＝T，G＝Cとなる。

②神経や筋繊維では，興奮（収縮）するかしないかのどちらかしか示さない。

④体細胞では2つある対立遺伝子が，生殖細胞では1つずつに分かれる。

⑤Aaのようにヘテロ接合体において，優性遺伝子のもつ形質のみが現れる。

問6　6　正解は②

遺伝子頻度に関する知識問題である。

遺伝子頻度が変化しないというハーディ・ワインベルグの法則が成り立つ条件は次の5つである。

1．集団が十分に大きい
2．自由な交配が行われる
3．突然変異が起こらない
4．個体の出入りがない
5．自然選択がはたらかない

①・③・④はハーディ・ワインベルグの法則が成り立つ条件と一致しないので，遺伝子頻度が変化する要因として適当である。適当でないものを選べばよいので②が正答である。

26

A　やや易　《生物の分類（五界説，3ドメイン説，系統樹）》

問1　1　正解は④

五界説に関する知識問題である。

五界説ではまず，原核生物界（モネラ界）と真核生物のグループに大別される。真核生物のうち，多細胞で一定の体制をもった生物は，独立栄養を行う植物界，従属栄養で捕食・運動を行う動物界，従属栄養で寄生・吸収型栄養摂取を行う菌界の3つに大別され，残りの真核生物で単細胞や多細胞でもごく単純な体制のものは原生生物界として大別される。

〈五界説による分類〉

真核生物	植物界（ア）	動物界（イ）	菌界（エ）
	原生生物界（ウ）：単細胞生物および単純な体制の生物		
原核生物	原核生物界（モネラ界）：細菌や古細菌		

問2　2　正解は⑥

ドメインに関する知識問題である。

ドメインは界よりもさらに上位の分類階級で，生物は古細菌（アーキア），細菌（真正細菌，バクテリア），真核生物（ユーカリア）の3つのドメインに分けられる。rRNAはリボソームを構成するRNAであり，始原生物の時代から生物のタンパク質合成に共通して関わっている。ウーズは，さまざまな生物のrRNAの塩基配列を解析・比較することで3つのドメインに分類した。その後，古細菌が細菌よりも真核生物と近縁であると考えられるようになった。

〈3ドメイン説による分類〉

真核生物	真核生物ドメイン（動物，菌類，植物など）
原核生物	古細菌ドメイン（メタン菌，高度好塩菌など）
	細菌ドメイン（大腸菌，シアノバクテリアなど）

また，近年，塩基配列の解析の結果，真核生物ドメインの生物は8つのスーパーグループに分類されることもあり，分類法の研究がさらに進んでいる。

問3　3　正解は④

動物の系統に関する知識問題である。

図1は主な動物の系統樹である。**キ**は二胚葉動物と三胚葉動物との分類を表している。二胚葉動物は外胚葉と内胚葉に由来する細胞からなる動物であり，ここに含まれる刺胞動物門にはクラゲ，サンゴなどが属している。一方，**ク**・**ケ**を合わせた分類群は三胚葉動物であり，外胚葉・中胚葉・内胚葉をもつ。また，図1のうち，胚葉をもたないものは左端の海綿動物門である。

クの旧口動物は原口が成体の口になり，**ケ**の新口動物は原口とは別の部位に新しく成体の口ができる。新口動物のうち，脊索動物は発生の過程で脊索が形成される動物で，脊椎の有無によりさらに原索動物（ホヤ，ナメクジウオなど）と脊椎動物（魚類や哺乳類など）に分類される。

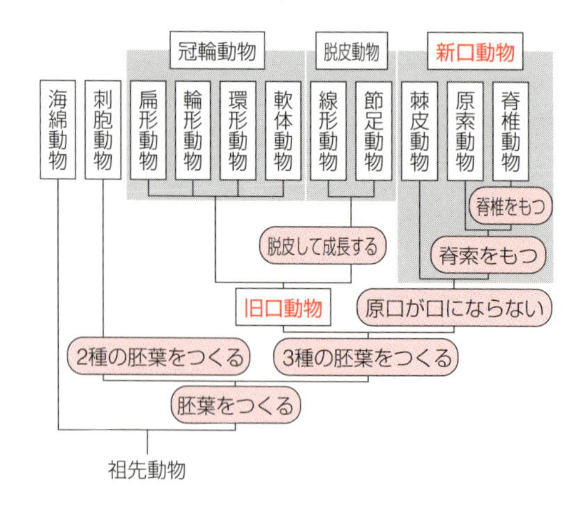

B　標準　《進化の歴史，遺伝子頻度》

問4　4　正解は②

地質時代の地球環境と生物の変遷に関する知識問題である。

①**正文**。約27億年前からシアノバクテリアが繁栄しはじめ，光合成により発生した酸素は，海水中の鉄分を酸化して縞状鉄鉱層を形成した。20億年前ごろには水中だけでなく大気中の酸素濃度も増えていった。

②**誤文**。40億年前の大気中の二酸化炭素濃度は現在の1000倍程度であり，温室効果により高温の環境であった。

③**正文**。①の現象により，一部の生物が，酸素を用いた呼吸によりエネルギーを効率的に得られるように進化し増えていった。

④**正文**。大気中に放出された酸素により上空にオゾン層が形成された。オゾン層が紫外線を吸収することで，地表に到達する紫外線量は減少し，生物の陸上への進出につながった。

⑤**正文**。古生代の末期にあたる約2億5000万年前に起こった大量絶滅は，地殻変動にともなう火山活動の活発化が原因と考えられている。火山灰などで太陽光がさえぎられたため光合成活動が低下し，海水中の酸素濃度が長期間にわたり低下したままとなった。これにより，95％程度の生物種が絶滅したと考えられている。

⑥**正文**。中生代の末期にあたる約6600万年前に巨大隕石が地球に衝突し，これにより大規模な気候変動が引き起こされ地球は寒冷化し，恐竜が大量絶滅したと考えられている。新生代には，大量絶滅を生き延びた生物群が，絶滅した生物の生態的地位（ニッチ）を補うように多様性を広げて繁栄した。

問5 [5] 正解は①

ハーディ・ワインベルグの法則に関する計算問題である。

遺伝子Aの頻度をp，aの頻度をqとする（Aとaは常染色体上に存在する対立遺伝子なので，$p+q=1$とおける）。ハーディ・ワインベルグの法則より，世代が変わってもこれらの遺伝子頻度は変化しない。

この集団で有性生殖が行われるときの次世代の遺伝子の組合せは$(pA+qa)^2$で表される。この式を展開すると（条件より集団内では自由に交配が行われるので，右表のように考えるのと同じである），生じる次世代の遺伝子型の比率は$p^2AA+2pqAa+q^2aa$となる（$AA:Aa:aa=p^2:2pq:q^2$）。

	pA	qa
pA	p^2AA	$pqAa$
qa	$pqAa$	q^2aa

10000個体の表現型のうち〔A〕が1900個体，〔a〕が8100個体であるので，aの遺伝子頻度を考えることにより

$$q^2=\frac{8100}{10000}=0.81 \qquad \therefore \quad q=0.9$$

$p+q=1$より　　$p=0.1$（＝遺伝子Aの頻度）

なお，Aの遺伝子頻度に着目して$p^2+2pq=p(p+2q)=p(-p+2)=\frac{1900}{10000}$とおいて計算しても同じ結果が得られるが，劣性遺伝子の頻度を考える方が簡単に計算できる。

27 やや難 《ヒトの耳垢の表現型》

◆ねらい◆生物進化における突然変異，自然選択，遺伝的浮動などについての理解をもとに，ヒトの耳垢（あか）の表現型を題材として，資料から情報を抽出・収集し，情報を統合して考察するなど，課題を解決する力が問われている。

問1 [1] 正解は②

表の数値をもとに，耳垢の対立遺伝子Gの頻度の推定値を求める問題である。（正答率9.1%）

着眼点　計算に使うことのできるデータを見極め，ハーディ・ワインベルグの法則が当てはまることを確認しよう。

それぞれの世代で，ハーディ・ワインベルグの法則が成り立つと仮定して，G遺伝子の頻度をp，A遺伝子の頻度をq（$p+q=1$）とおいて計算する。親世代は湿った耳垢の人数がわからないので計算には用いない。計算に用いることができるのは，祖父母世代と，自分（生徒）世代である。

祖父母世代の各遺伝子頻度は，乾いた耳垢の人（遺伝子型 AA）に注目して求める。

$$q^2=\frac{234}{234+55}=0.8096\fallingdotseq 0.810$$

よって　　$q=0.9,\ p=0.1$

→A遺伝子の頻度は 0.9，G遺伝子の頻度は 0.1 ということ

自分（生徒）世代の各遺伝子頻度も同様に

$$q^2=\frac{90}{90+21}=0.8108\fallingdotseq 0.811$$

よって　　$q\fallingdotseq 0.9,\ p=0.1$

上記のように祖父母世代，自分（生徒）世代をそれぞれ計算し，祖父母世代と自分（生徒）世代で遺伝子頻度が同じである（世代を経ても遺伝子頻度は変化しない＝ハーディ・ワインベルグの法則が成り立っている）ことを確認するとよい。対立遺伝子Gの頻度は $p=0.1$ なので，② 0.100 が正解である。

問2　[2]　正解は⑥

問1で求めた数値をもとに，親世代の遺伝子型 GA の人数の推定値を求める問題である。(正答率 23.9%)

着眼点　親世代でも，ハーディ・ワインベルグの法則が当てはまることを利用して比例計算する。

親世代の遺伝子型 GA の人数を x とおく。

$$\mathrm{GA}:\mathrm{AA}=2pq:q^2=0.18:0.81=x:164$$

より，$x\fallingdotseq 36.44$ となるので，⑥ 36 が正解である。

問3　[3]　正解は④・⑤

（[3] は過不足なくマークした場合のみ正解）

問1・2で求めた数値・考え方をもとに，表の各地域の乾いた耳垢の対立遺伝子Aの頻度を比較し，その適応や分布について考察する。(正答率 4.1%)

着眼点　表2から情報を読み取り，適応的意義や，分布の変化についての傾向を大まかに見ていき，「合理的な推論」となっているかどうかを判断する。

対立遺伝子Aの遺伝子頻度は，東アジア（大陸北部）・東南アジア（北部）や高緯度地方で高い（次表★）。

地域	対立遺伝子Aの頻度	
東アジア(大陸北部)	0.977	★
東南アジア(北部)	0.696	★
東南アジア(南部)	0.175	
ヨーロッパ(南部)	0.103	
ヨーロッパ(西部)	0.208	
ヨーロッパ(東部)	0.246	
ヨーロッパ(北部)	0.093	
東シベリア	0.786	★
アラスカ	0.515	★
中南米	0.167	
中東	0.276	
西アフリカ	0.000	●
東アフリカ	0.010	●

★：遺伝子頻度が高い
●：遺伝子頻度がきわめて低い

このことより，対立遺伝子Aによる，乾いた耳垢の形質は比較的寒冷な気候に適応している可能性が考えられる。(参考：この遺伝子 ABCC11 は汗の分泌などに関与しており，G型は汗の分泌が多くなる。)

一方で，西アフリカに対立遺伝子Aが存在しないことや，東アフリカでもほとんど存在しない（0.010）ことから（上表●），この対立遺伝子Aはアフリカで誕生したのではなく，ユーラシア大陸で誕生したこともわかる。これらのことをもとに，選択肢を見ていく。

①・③不適。乾いた耳垢の形質は比較的寒冷な気候に適応しているのではないかと考えられる。

②不適。表2から湿度との関係は読み取れない。

④適当。中東（0.276）とヨーロッパ東部（0.246）での対立遺伝子Aの遺伝子頻度は，ユーラシア大陸の西側の中では比較的高いといえる。可能性として，対立遺伝子Aは中東で生じて人類の移動によって（遺伝的浮動の作用も受けながら），分布を広げたという解釈は合理的な推論として適当である。

⑤適当。東アジアでは対立遺伝子Aの遺伝子頻度が高く，ヨーロッパにおいては頻度が低下しているので，東アジアから遺伝的交流によって分布を広げたという解釈は合理的である。

⑥不適。世界各地で様々な頻度で独立に生じたのであれば，地域によって，0.977や0.000といったばらつきはないはずである。

28 やや難《DNAの反復配列と集団遺伝，遺伝子頻度》

問1　1　正解は①　2　正解は④　3　正解は③

集団内の異なる種類の反復配列に関して，遺伝子頻度の考え方を利用して，その頻度を求める問題である。

図で検出された領域Xの反復配列について，記号（X_1，X_2，X_3）をつけて，バンド(ア)はX_1，バンド(イ)はX_2，バンド(ウ)はX_3と記すことにする。検出される反復配列には，父親由来のものと母親由来のものがあることを踏まえて考えると，反復配列パターン(A)の人は(ア)と(イ)の2つのバンドがみられるので，反復配列に関して，X_1X_2のヘテロ接合であると判断できる。同様に，反復配列パターン(B)の人はX_1X_3のヘテロ接合，(C)の人はX_2X_3のヘテロ接合であると判断できる。一方，反復配列パターン(D)・(E)・(F)の人はどれもバンドが1つしか生じていないので，(D)の人はX_1X_1のホモ接合，(E)の人はX_2X_2のホモ接合，(F)の人はX_3X_3のホモ接合であると判断できる。それぞれの反復配列パターンの人数を簡単な比に直して整理すると，以下のようになる。

反復配列パターン	(A)	(B)	(C)	(D)	(E)	(F)
記号	X_1X_2	X_1X_3	X_2X_3	X_1X_1	X_2X_2	X_3X_3
人数比	3	5	3	1	5	3

これを用いて，X_1，X_2，X_3それぞれの遺伝子頻度を求める。

1　(ア)について，まず，X_1の頻度を求める。X_1の頻度とは，領域X（X_1，X_2，X_3）全体に占めるX_1の割合である。

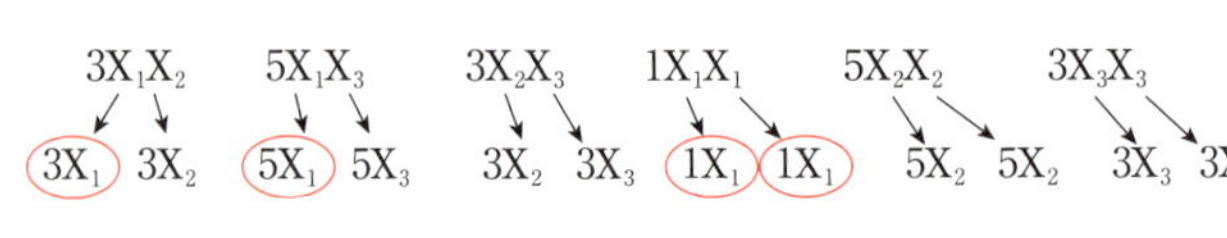

ここから，集団内全体の領域XにおいてX_1の占める割合（○で囲んだものの割合）を求めると

$$\frac{3+5+1+1}{3+3+5+5+3+3+1+1+5+5+3+3}=\frac{10}{40}=0.25$$

2　(イ)について，同様にX_2の頻度（＝全体に占めるX_2の割合）は

$$\frac{3+3+5+5}{3+3+5+5+3+3+1+1+5+5+3+3}=\frac{16}{40}=0.40$$

3　(ウ)について，X_3の頻度（＝全体に占めるX_3の割合）は

$$\frac{5+3+3+3}{3+3+5+5+3+3+1+1+5+5+3+3}=\frac{14}{40}=0.35$$

問2 [4] 正解は②

自然選択の基本原理，および遺伝的浮動の原理や現象について，正しい記述を特定する問題である。

①**不適**。個体間には様々な遺伝的な変異がみられ，遺伝する変異が「形質」となって現れることがある。異なる「形質」をもつ個体の間で，繁殖や生存に有利・不利がみられると，自然選択がはたらく。**自然選択は，「表現型」に現れる変異にしかはたらかない**。したがって，タンパク質のアミノ酸配列に変化を起こさないようなDNA塩基の置換には，自然選択ははたらかない。

②**適当**。個体間にみられる様々な遺伝的な変異には，生存に有利でも不利でもないものが多い。このような生存に有利でも不利でもない**「中立」の突然変異**には，自然選択ははたらかないが，個体群が比較的小さい集団などでは**「偶然によって」集団全体に広がる**ことがあり，このような現象を**遺伝的浮動**という。

③**不適**。自然選択は，表現型に現れた形質に対してはたらき，有利な形質を示す遺伝子が生き残り，不利な形質を示す遺伝子が淘汰されることで遺伝子頻度を変化させるのであり，直接遺伝子に対してはたらくわけではない。

④**不適**。生存に不利な対立遺伝子であっても，その形質が異性に好まれ，選ばれることがある。このような選択を**性選択**という。生物種によっては，性選択と自然選択のバランスにより，その特定の形質の程度が決まるといえる（クジャクのオスの尾羽など）。しかし，不利な対立遺伝子が必ずしも性選択によって選ばれるとは限らない。

⑤**不適**。小さい集団では，ある対立遺伝子の頻度が偶然によって増加したり減少したりする，遺伝的浮動が起こりやすい。一方，大きな集団では小さな集団よりも，遺伝的浮動は起こりにくい。

29 やや易 《花粉の進化》

◆ねらい◆生物の系統についての基本的な理解をもとに，花粉の進化を題材として，初見の資料から必要な条件を抽出・収集し，情報を分析して解釈する力が問われている。

問1 [1] 正解は⑦

表1に記された花粉の発芽孔の数と，図1に記された系統樹の情報から，被子植物の発芽孔の数が進化した過程について，合理的な考察を特定する問題である。（正答率42.6%）

着眼点 表1の内容を図1に書き込んで，被子植物の発芽孔の数が進化した過程を推測していく。

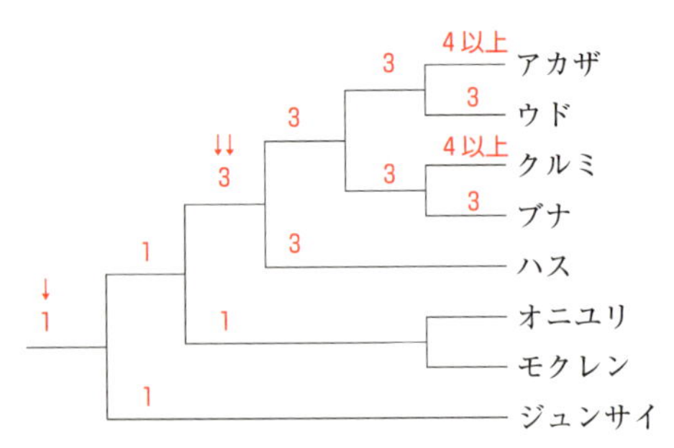

ジュンサイや，オニユリ・モクレンはごく初期に分岐している。ジュンサイ・オニユリ・モクレンはともに発芽孔が1個なので，もともとの祖先種（↓）は発芽孔が1個である植物だったと判断できる。ハス・ブナ・ウドは発芽孔が3個となっているので，これらの共通祖先（↓↓）において発芽孔が3個になる突然変異が起こったと判断できる。アカザとクルミは発芽孔が4個以上であるが，これはアカザとクルミの系統が分岐する過程で独立に起こった突然変異によると判断できる。よって，　正解は⑦である。

問2　[2]　正解は①

問1で解析した系統樹の情報と，生育年代や場所の情報をもとに，被子植物の分布とその変化に関して，合理的な推論を特定する問題である。（正答率 52.5%）

着眼点　問1での進化の順序と，表2の年代や緯度を総合的に判断して，発芽孔の数が進化し，分布を広げた過程を推測していく。

試料番号	発芽孔の数(個)	年代(百万年前)	当時の緯度
1	3	67	北緯 60°
2	3	90	南緯 40°
3	1	67	北緯 60°
4	1	110	南緯 20°
5	1	135	北緯　5°
6	1	130	南緯 10°
7	3	110	北緯 25°
8	1	110	北緯 30°
9	1	100	南緯 35°
10	1	120	北緯 10°
11	3	90	南緯 20°
12	3	80	北緯 40°
13	4以上	67	北緯 60°
14	4以上	67	南緯 55°

発芽孔が1個のものは年代が古く，緯度が低い→暖かい地方で生じた

発芽孔が3個以上のものは年代が新しく，緯度が高い→寒い地方に分布を広げた

表2から発芽孔1個の被子植物の共通の祖先種は古い年代で確認でき，分布の緯度が低いことも傾向として読み取れる。また，発芽孔3個以上の種は新しい年代で

確認でき，緯度が高いことも傾向として読み取れる。したがって，この被子植物は①当時の赤道付近（低緯度）に出現し，高緯度方向に分布を広げたと判断できる。

問3 [3] 正解は③

被子植物が出現する以前に絶滅した生物について，アウストラロピテクス，アンモナイト，イチョウ，恐竜，三葉虫の中から特定する問題である。（正答率 63.6％）

着眼点 被子植物の出現は中生代白亜紀であるという知識をもとに，他の生物の生息した地質年代・絶滅した地質年代を比較する。

①不適。アンモナイトは中生代白亜紀最後に恐竜などとともに絶滅するが，被子植物と生息年代が重なっている。

②不適。アウストラロピテクスは新生代新第三紀に出現した。

③適当。三葉虫は古生代最後のペルム紀にその他多くの生物とともに絶滅した。よって，被子植物が出現する以前に絶滅した生物である。

④不適。恐竜は中生代に繁栄し，中生代白亜紀最後にアンモナイトなどとともに絶滅した。被子植物と生息年代が重なっている。

⑤不適。イチョウは裸子植物であり，中生代に繁栄したが，現在も「生きている化石」として存在している。被子植物と生息年代が重なっている。

30 標準 《動物の系統関係，進化のしくみ》

問1 [1] 正解は① [2] 正解は③ [3] 正解は① [4] 正解は⑤

問題文の手がかりを元に，各動物種を系統関係に当てはめる問題である。

ウオノエ：節足動物であるダンゴムシの仲間であることから，図のハチと近縁である①が適当である。

クリオネ：軟体動物である貝の一種であることから，図のタコと近縁である③が適当である。

フジツボ：節足動物であるエビとカニの仲間であることから，図のハチと近縁である①が適当である。

ヒト：新口動物であることから，ヒトデと近縁である⑤が適当である。

問2 [5] 正解は③ [6] 正解は② [7] 正解は①

ウオノエ科の各種における形質の違いから，各時期に起こった進化について推定する問題である。

種Ｆと種Ｇが「鰓」に寄生し，種Ｂと種Ｄと種Ｅが「口の中」に寄生することから，ｃでは「鰓」から「口の中」への進化が起きたことが推定される。また，種Ｂが「口の中」に寄生し，種Ａが「体表面」に寄生することから，ｉでは「口の中」

から「体表面」への進化が起きたことがわかり，種Dが「口の中」に寄生し，種Cが「鰓」に寄生することから，kでは「口の中」から「鰓」への進化が起きたことが推定される。

問3(a)　8　正解は②　9　正解は①　10　正解は②　11　正解は②

進化についての知識問題である。

ア．**誤文**。自然選択に対して中立的な突然変異でも，DNAの塩基配列は変化する。したがって，この場合においても進化は生じるといえる。また，このような進化を中立進化という。

イ．**正文**。環境条件が変化することにより，ある地域で有利であった形質が不利になることもある。よって，同種であってもそれぞれの個体群において自然選択が起こり，地域ごとに環境に適応した集団が形成される。このような進化を適応進化という。

ウ．**誤文**。自然選択による進化は種などのグループの単位で生じるわけではなく，各個体が生存し自己の遺伝子を少しでも次世代に残そうとすることで生じる。これに対して，生存に不利であっても繁殖に有利で，種の存続に有用である形質を示す遺伝子が選択されることを，性選択という。

エ．**誤文**。共進化は捕食者と被食者，寄生者と宿主の間でも生じている。

問3(b)　12　正解は②　13　正解は③

適応放散・収束進化（収れん）が生じた場合の進化の結果を予想する問題である。

適応放散は，生物が環境に適応し，様々な形質をもった多くの種に分かれていく現象である。一方，収束進化（収れん）は，祖先の異なる生物が同じような適応をした結果，互いに似た形質を個別に進化させる現象である。利用する餌の組合せから読み取れる内容および推測される進化の内容はそれぞれ以下のようになる。

①すべての種において「大型の種子」を餌として利用していることから，過去に適応放散も収束進化（収れん）も生じていないと予想される。

②ほとんどの種が異なる餌を利用していることから，過去に**適応放散が生じ**，それぞれの種が進化の過程で異なる環境に適応したと予想される。

③遠縁である種Aと種Dが同じ「サボテンの葉」を，同じく遠縁である種Cと種E（または種F）が同じ「大型の種子」を餌として利用していることから，過去に**収束進化（収れん）が生じ**，よく似た形質を個別に進化させたと予想される。

④比較的近縁である種A～種Cが同じ「昆虫」を，同じく比較的近縁である種D～種Fが同じ「大型の種子」を餌として利用していることから，過去に適応放散も収束進化（収れん）も生じていないと予想される。

実戦問題

2021年度 共通テスト
本試験（第1日程）

解答時間 60 分　配点 100 点

生　　　物

（解答番号 1 ～ 27）

第1問　次の文章を読み，下の問い（問1～4）に答えよ。（配点　14）

牛乳をはじめ，多くの哺乳類の乳にはラクトース（乳糖）が含まれている。乳糖は消化酵素の一つであるラクターゼによって消化されるが，ラクターゼの働きは個体の成長とともに弱まるので，成長した個体が大量に乳を飲むと，(a)乳糖を消化しきれずに下痢をする。ヒトでもこの性質は一般的だが，成長後もラクターゼの働きが持続し，乳糖を消化できる形質（以下，L有）をもつ者もいる。(b)L有は，常染色体上のラクターゼ遺伝子で決まる形質で，ラクターゼの働きが持続しない形質（以下，L無）に対して優性である。L有およびL無の遺伝子は，ラクターゼの(c)遺伝子発現を制御している転写調節領域の塩基配列に違いがある対立遺伝子である。この二つの形質の頻度は世界の各地域によって差があり，(d)この地域差の出現には自然選択が関与したと考えられている。

問 1　下線部(a)に関連して，このような現象が起こる仕組みを説明した次の文章中の[ア]・[イ]に入る語句の組合せとして最も適当なものを，下の①～④のうちから一つ選べ。[1]

柔毛では乳糖は吸収されないが，乳糖がラクターゼによって分解されて生じるグルコースは吸収される。柔毛表面の細胞は，グルコースを[ア]輸送するタンパク質を発現しており，グルコースを小腸管内の濃度にかかわらず取り込む。他方，未分解の乳糖が大量に大腸に入ると，大腸管内の浸透圧が高くなり，便の水分が吸収されにくくなる。さらに，大腸内の細菌による発酵で乳糖が代謝されて生じる[イ]などの影響で腹部が膨満することがある。

	ア	イ
①	能　動	二酸化炭素
②	能　動	酸　素
③	受　動	二酸化炭素
④	受　動	酸　素

問 2　下線部(b)について，L 無の成人の頻度が 0.16 の集団でのヘテロ接合の頻度として最も適当なものを，次の①～⑥のうちから一つ選べ。ただし，ラクターゼ遺伝子には二つの対立遺伝子しか存在せず，この集団ではハーディ・ワインベルグの法則が成立しているものとする。[2]

① 0.81　② 0.64　③ 0.48
④ 0.24　⑤ 0.16　⑥ 0.018

問 3　下線部(c)について，真核生物における遺伝子発現に関する記述として最も適当なものを，次の①～⑤のうちから一つ選べ。 3

① 乳糖の代謝に関係する複数の遺伝子が，オペロンという共通して転写の制御を受ける単位を構成している。
② DNA ポリメラーゼがプロモーターに結合することにより，転写が開始される。
③ 一つの遺伝子からは，一種類のポリペプチドのみが合成される。
④ タンパク質合成は，核内で起きる。
⑤ 細胞の種類が違うと，発現する調節遺伝子の種類も異なる。

問 4　下線部(d)に関連して，ヒトでのＬ有とＬ無の進化を知るため，**実験 1 ～ 3** を行った。**実験 1 ～ 3** の結果から導かれる考察として最も適当なものを，下の①～⑤のうちから一つ選べ。 4

実験 1　世界の 6 つの地域について，そこで生活する多人数のヒトを対象にラクターゼ遺伝子の転写調節領域の塩基配列を調査すると，塩基がＣまたはＴである一塩基多型(SNP)が見つかった。この SNP の塩基に基づいたラクターゼ遺伝子の対立遺伝子の頻度を，これらの地域で比較したところ，表 1 の結果が得られた。

表　1

SNP の塩基	対立遺伝子の頻度					
	アジア（中国）	アジア（日本）	ヨーロッパ（スウェーデン）	ヨーロッパ（イタリア）	アフリカ（コンゴ）	アフリカ（ナイジェリア）
C	1.00	1.00	0.32	0.95	1.00	1.00
T	0.00	0.00	0.68	0.05	0.00	0.00

実験 2　**実験 1** のSNP を含む DNA 断片について，ラクターゼ遺伝子の転写を促進する調節タンパク質 Y が結合できるかどうかを，培養細胞を用いて確かめたところ，調節タンパク質 Y は T を含む配列と強く結合したが，C を含む配列とは強く結合しなかった。この実験から，T をもつラクターゼ遺伝子のほうが，転写活性が高いことが分かった。

実験 3　**実験 1** のSNP の塩基について，チンパンジー，ゴリラ，およびオランウータンのそれぞれ複数の個体のゲノムを調べたところ，全ての個体が C のホモ接合であり，ヒトの祖先型は C であることが分かった。

① L 無はアジアで生存上有利だったが，アフリカでは不利だった。

② L 無対立遺伝子は，ヨーロッパで最初に出現し，その後のヒトの移動に伴ってアフリカにも伝わった。

③ ヨーロッパでは L 有が生存上有利だったので，ほぼ全てのヒトが L 有対立遺伝子をもっている。

④ ヒトでは，L 無対立遺伝子に突然変異が起きて，L 有対立遺伝子が生じた。

⑤ どの地域でも，L 無のほうが L 有よりも頻度が高い。

第2問　次の文章を読み，下の問い(**問1～4**)に答えよ。(配点　15)

フロリダ半島には，アノールトカゲの在来種であるグリーンアノール(以下，グリーン)が生息しているが，ある時期にキューバやバハマから(a)外来生物のブラウンアノール(以下，ブラウン)が移入された。グリーンとブラウンはともに木の幹に生息するため，種間競争が生じている。この種間関係がグリーンに及ぼす影響を調べるため，グリーンのみが生息する複数の人工島において，**実験1～3**が行われた。

問1　下線部(a)に関する記述として**誤っているもの**を，次の①～④のうちから一つ選べ。［5］

① 外来生物は，在来種との交雑により，在来種集団の遺伝的な固有性を損なうことがある。

② 外来生物は，ヒトの健康を脅かすことがある。

③ 外来生物を駆除して生態系を復元する試みは，世界中でほぼ成功している。

④ 外来生物は，移入されるまでは，在来種との間に共進化関係を有していない。

実験1　ある人工島に1995年にブラウンを導入し(以下，導入区)，別の人工島には導入しなかった(以下，非導入区)。導入区と非導入区において，グリーンとブラウンそれぞれの個体群密度の変化を追跡したところ，図1の結果が得られた。なお，この2種のアノールトカゲの寿命は約1年半で，互いに交雑せず，島から出ることもなかった。

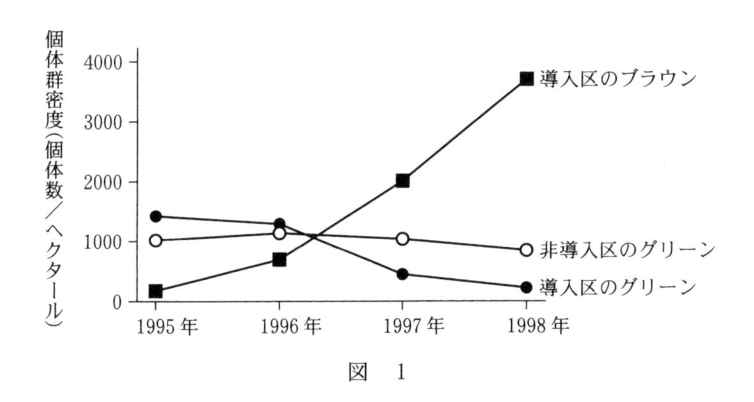

図　1

問2　**実験1**の結果から導かれる考察として最も適当なものを，次の①～④のうちから一つ選べ。 6

① ブラウンの急速な増加は，種内競争が促進されたことによる。

② ブラウンは，導入から3年後には環境収容力に達した。

③ 導入区でのグリーンの減少は，ブラウンの影響による。

④ 導入区において，ブラウンとグリーンの合計個体数は，ブラウン導入前のグリーンの個体数とおおよそ等しくなり，安定した。

実験2　導入区と非導入区において，グリーンとブラウンが留まっていた幹の高さを3年間にわたって記録したところ，図2の結果が得られた。

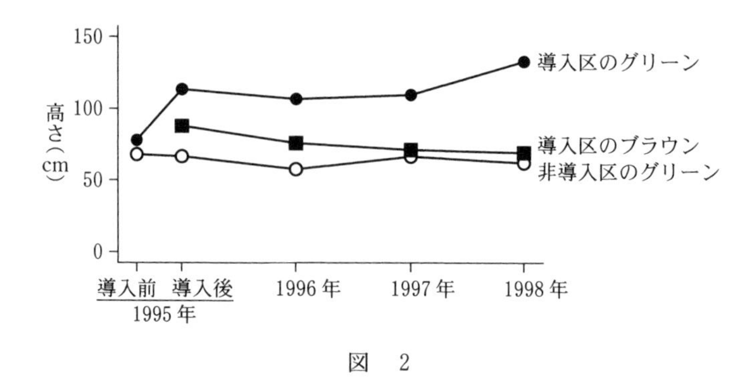

図　2

実験3　アノールトカゲの指先には図3のような指先裏パッドがあり，その表面積が大きいと貼りつく力が強く，幹の高い位置に留まることができる。ブラウンの導入から15年後に，グリーンとブラウンが留まっていた幹の高さが図2と同様の傾向を示すことを確認したのち，導入区と非導入区からグリーンを採集し，指先裏パッドの表面積を比べた。また，それぞれのグリーンの雌から得た卵を同じ人工環境下で育て，子の指先裏パッドの表面積を比べたところ，図4の結果が得られた。

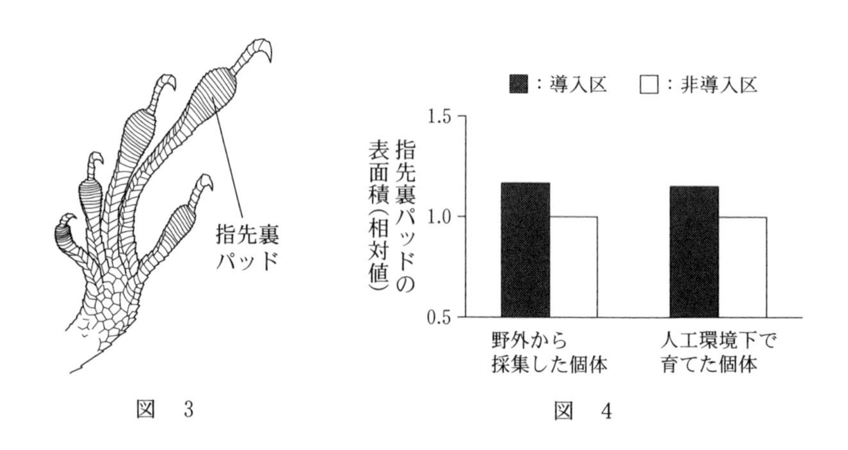

図　3　　　　　　図　4

問 3 **実験2・実験3**の結果から導かれる考察として最も適当なものを，次の①～④のうちから一つ選べ。 7

① 導入区のグリーンは，幹のより高い位置を利用するようになり，かつ，指先裏パッドの表面積が増加した。

② 導入区と非導入区のグリーンはともに，幹のより高い位置を利用するようになり，かつ，指先裏パッドの表面積が増加した。

③ 導入区のグリーンは，ブラウンとの競争により絶滅した。

④ ブラウンは，グリーンより指先裏パッドの表面積が大きいため，幹を利用する競争において優位であった。

問 4 **実験**1～3の結果から導かれる考察として最も適当なものを，次の①～④のうちから一つ選べ。 8

① ブラウンが導入されても，グリーンの個体群の存続には影響がないことが示された。

② 導入区と非導入区との間でみられたグリーンの指先裏パッドの違いは，世代を超えた変化によるものではなく，個体の成長の過程で生じたものである。

③ ブラウンとの種間競争の有無にかかわらず，グリーンは幹に貼りつく力を高める方向に進化すると予測される。

④ ブラウンの導入後15年間に，導入区のグリーンはブラウンと生活空間を分割するようになり，その表現型が進化した。

第3問　次の文章を読み，下の問い(**問**1～3)に答えよ。(配点　12)

図1は，ある落葉樹林の林床に発達した複数の種からなる草本植物群集(以下，群落)における，早春と初夏の生産構造図である。図1の折れ線グラフは，群落内の光量の分布を示しており，早春の高さ50 cmにおける日平均の光量に対する百分率(%)で表している。図1の棒グラフは，1 m^2 の区画で地面からの高さの層ごとに植物を刈り取り，葉とそれ以外の器官とに分けて乾燥重量を示したものである。棒グラフの塗り潰し部と網掛け部は，この群落の優占種Pとそのほかの種の生産構造をそれぞれ示している。

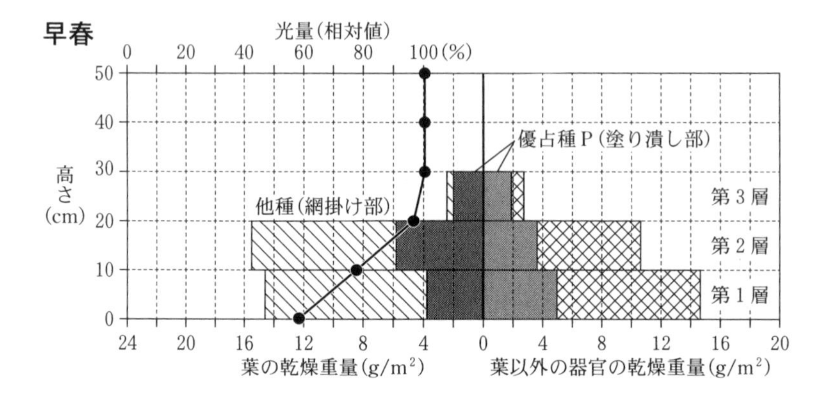

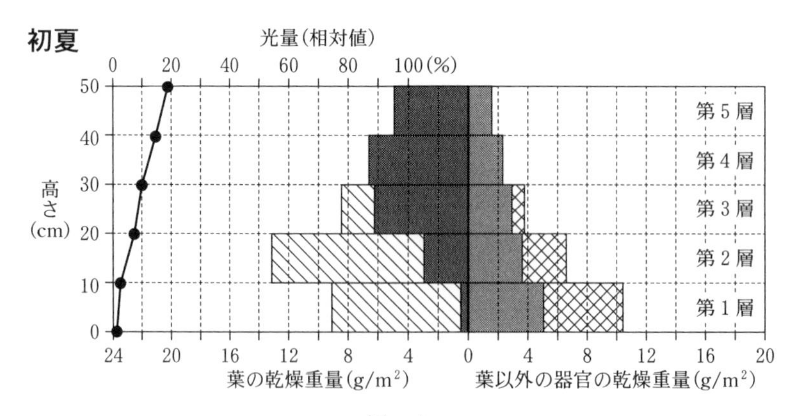

図　1

ソラさんとユメさんは，図1から読み取れることについて話し合った。

ソ　ラ：(a)<u>図1の生産構造図から読み取れることはいろいろありそうだね。</u>

ユ　メ：優占種Pの第2層の葉群の重量は，初夏には，早春と比べて約半分に減ってるよ。

ソ　ラ：逆に，優占種Pの第3層の葉群の重量は，初夏には，早春と比べて約 ア 倍に増加してるよ。この優占種の草丈は20 cmも伸び，上に新しい葉が多くついてるね。

ユ　メ：光量の変化についても見てみよう。第3層の上端である高さ30 cmの光量は，初夏には，早春と比べて約 イ にまで減少してるよ。

ソ　ラ：初夏には，第5層の上端の光量も100 %と比べて大幅に低いから，早春から初夏にかけて，樹木が葉を広げて日当たりが悪くなったんだね。

問1　下線部(a)について，図1から読み取ることができる，この草本群落内で生じた現象として最も適当なものを，次の①～⑤のうちから一つ選べ。 9

① 早春の第1層の葉群は，初夏には第3層にもち上がり，茎の下部に新たな葉がついた。

② 早春から初夏にかけて，優占種P以外の植物の個体数は減少した。

③ 早春から初夏にかけて，優占種Pの高さ20 cm以下の部位では，葉以外の器官の乾燥重量が大きく減少した。

④ 早春から初夏にかけて，優占種Pの高さ20 cm以上の部位では，全体の乾燥重量に占める葉の乾燥重量の割合が高まった。

⑤ 初夏の第1層と第5層との間の光量の差は，高木の葉が光を遮ることによって生じた。

問 2　会話文中の ア ・ イ に入る数値の組合せとして最も適当なものを，次の①～⑨のうちから一つ選べ。 10

	ア	イ
①	2	5分の1
②	2	10分の1
③	2	20分の1
④	3	5分の1
⑤	3	10分の1
⑥	3	20分の1
⑦	4	5分の1
⑧	4	10分の1
⑨	4	20分の1

問 3　二人は，別の区画で，早春の第 3 層と初夏の第 5 層（ともに最上層）から優占種 P の全ての葉を採取し，葉の乾燥重量と面積，および光合成速度を調べ，表 1 を作成した。光合成速度については，最上層の平均的な光量の下で，葉 1 cm^2 あたり 1 時間あたりの二酸化炭素の吸収量を測定した。次に，表 1 に基づいて，早春と初夏の最上層の葉が 1 時間に吸収する二酸化炭素量を計算した。二人が行った計算に関する下の文章中の［ウ］・［エ］に入る，数値と語句との組合せとして最も適当なものを，下の①～⑥のうちから一つ選べ。［11］

表　1

	早春の葉（第 3 層）	初夏の葉（第 5 層）
区画内の葉の乾燥重量（g）	2.0	5.0
葉 1 g あたりの面積（cm^2）	250	360
最上層の平均的な光量下での 1 時間あたりの CO_2 吸収量（mg/cm^2）	0.175	0.070

注：CO_2 吸収速度の測定は，全て 20 ℃ の環境で行われたものとする。

まず，早春の第 3 層の葉の合計面積を求め，次に，この値を用いて 1 時間に吸収する二酸化炭素量を求めたところ，［ウ］mg となった。初夏の第 5 層の葉についても同様の計算を行ったところ，早春と比べて林床が暗くなった初夏のほうが，1 時間に吸収する二酸化炭素量は［エ］。

	ウ	エ
①	0.29	少なかった
②	0.29	多かった
③	21.9	少なかった
④	21.9	多かった
⑤	87.5	少なかった
⑥	87.5	多かった

第4問　次の文章を読み，下の問い(問1～3)に答えよ。(配点　13)

動物は，経験に基づいて行動を変化させることがあり，これを(a)学習という。多くの鳥類の雄は，繁殖期までに種に固有の音声構造をもつ歌(以下，自種の歌)をさえずるようになる。一部の鳥類では，若鳥が孵化(ふか)後の一定期間(以下，X期)に主に父鳥の歌を聴いて記憶し，後の成長過程の一定期間(以下，Y期)に，記憶した歌と自らがさえずる歌を比較しながら練習を繰り返すことで，自種の歌が固定する。

自種の歌の獲得における学習の役割に関して，A種とB種の雄の若鳥をそれぞれ用いて，X期に聴かせる自種の歌の有無，Y期における若鳥の聴覚の有無を様々に組み合わせた，表1のような古典的な**実験1～4**がある。実験の結果，成鳥は，自種の歌の特徴が壊れた歌(以下，不完全な歌)または自種の歌をさえずることが分かった。

表　1

	X期	Y期	成鳥において固定した歌(実験結果)	
	聴かせる歌	若鳥の聴覚	A種	B種
実験1	なし	なし	自種の歌	不完全な歌
実験2	なし	あり	自種の歌	不完全な歌
実験3	自種の歌	なし	自種の歌	不完全な歌
実験4	自種の歌	あり	自種の歌	自種の歌

問 1　下線部(a)について，次の記述ⓐ～ⓒのうち，学習に関するものを過不足なく含むものを，下の①～⑦のうちから一つ選べ。 12

ⓐ　アヒルのヒナは，孵化直後に見た動くものの後をついて歩くようになる。

ⓑ　繁殖期のイトヨの雄は，婚姻色を呈したほかの雄だけでなく，同様の色をつけた模型に対しても攻撃するようになる。

ⓒ　アメフラシは，水管を刺激されるとえらを引っ込めるが，刺激し続けるとえらを引っ込めなくなる。

①　ⓐ　②　ⓑ　③　ⓒ　④　ⓐ，ⓑ
⑤　ⓐ，ⓒ　⑥　ⓑ，ⓒ　⑦　ⓐ，ⓑ，ⓒ

問 2　A 種と B 種について，自種の歌をさえずることができるようになるための条件(ⓓ～ⓖ)と，学習の関与の有無(Ⅰ，Ⅱ)との組合せとして最も適当なものを，下の①～⑧のうちからそれぞれ一つずつ選べ。ただし，同じものを繰り返し選んでもよい。

A 種 13 ・B 種 14

ⓓ　成長の過程で自種の歌を聴く必要はない。

ⓔ　X 期に自種の歌を聴く必要はないが，Y 期に聴覚が必要である。

ⓕ　X 期に自種の歌を聴く必要があるが，Y 期に聴覚は必要ない。

ⓖ　X 期に自種の歌を聴く必要があり，Y 期に聴覚が必要である。

Ⅰ　学習が関与している。

Ⅱ　学習は関与していない。

①　ⓓ，Ⅰ　②　ⓓ，Ⅱ　③　ⓔ，Ⅰ　④　ⓔ，Ⅱ
⑤　ⓕ，Ⅰ　⑥　ⓕ，Ⅱ　⑦　ⓖ，Ⅰ　⑧　ⓖ，Ⅱ

問 3　野外では，自種と近縁種の歌の特徴が混ざった歌(以下，混ざった歌)をさえずる雄が見つかることは，めったにない。その理由についての考察に関する次の文章中の［ア］～［ウ］に入る語句の組合せとして最も適当なものを，下の①～⑧のうちから一つ選べ。［15］

雄の姿や歌が似ている近縁種どうしの巣が互いに近接すると，若鳥が近縁種の雄の歌を聴き，姿を見る機会が生じるため，互いに近縁種の歌を学習する可能性がある。種に固有の歌は，なわばり防衛のアピールや自種の雌に対する求愛であるため，混ざった歌をさえずる雄は，繁殖に［ア］しやすい。そのため，近縁種の歌を学習するような状況では，両種の個体群の成長は［イ］。これは，繁殖干渉と呼ばれる繁殖の機会をめぐる種間の競争である。繁殖干渉は競争的排除(競争排除)をもたらすことがあり，近縁種どうしが共存し［ウ］なるので，近縁種の歌の学習はめったにないと考えられる。

	ア	イ	ウ
①	成　功	促進される	やすく
②	成　功	促進される	にくく
③	成　功	妨げられる	やすく
④	成　功	妨げられる	にくく
⑤	失　敗	促進される	やすく
⑥	失　敗	促進される	にくく
⑦	失　敗	妨げられる	やすく
⑧	失　敗	妨げられる	にくく

第5問 次の文章(**A**・**B**)を読み，下の問い(**問1～7**)に答えよ。(配点 27)

A (a)被子植物の地上部は，茎，葉，および花などからなり，これらの構造は(b)茎頂分裂組織から形成される。(c)茎頂分裂組織からつくられたばかりの葉は，かたちが単純で，丸いこぶ状であるが，成長が進むにつれて扁平(へんぺい)になる。葉には表裏の違いがあり，表面の色合いや光沢，構成する細胞の種類などが異なる。

問1 下線部(a)に関連して，被子植物の発生と生殖に関する記述として**誤っているもの**を，次の①～④のうちから一つ選べ。 16

① 受精直後の胚乳核に含まれるゲノムDNAの量は，受精直後の受精卵の核に含まれるゲノムDNAの量と同じである。

② フロリゲンは，花芽の分化に関係する遺伝子の発現を誘導する。

③ 花の4種類の構造(がく片，花弁，おしべ，めしべ)の形成には，A，B，およびCの三つのクラスの遺伝子が必要である。

④ 花粉母細胞は減数分裂により，4個の細胞からなる花粉四分子となる。

問 2　下線部(b)に関連して，茎頂分裂組織から葉が形成される様子を調べるため，**実験1**・**実験2**を行った。

実験1　ジャガイモの塊茎から芽をくりぬき，その芽をカミソリで縦に二つに分割した。切断面を顕微鏡で観察し，図1の模式図を描いた。

実験2　別の芽を取り出し，茎頂を真上から観察したところ，図2のように茎頂分裂組織(M)と，そこから生じたばかりの二つの葉(P1とP2)が見えた。P2は，P1より扁平で大きかった。このまま茎頂を培養すると，P1もP2も扁平な葉へと成長した。さらに，Iの位置から新たな葉が生じ，やはり成長して扁平になった。いずれの葉も，表側がMの方を向いていた。

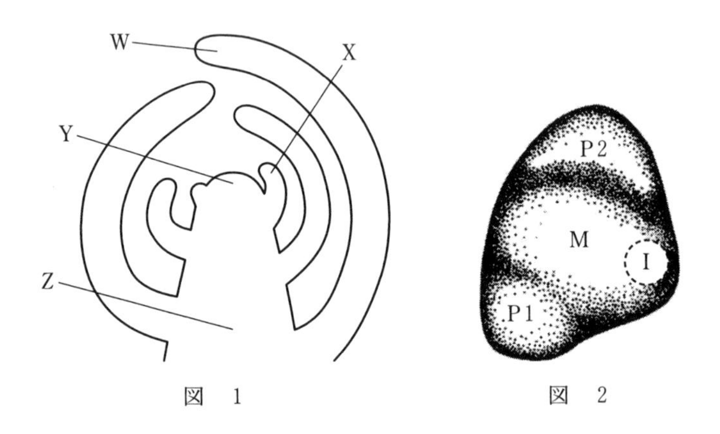

図　1　　　　図　2

図1において茎頂分裂組織の位置を示す記号と，図2において先に形成が始まった葉の位置を示す記号との組合せとして最も適当なものを，次の①～⑧のうちから一つ選べ。 17

①　W，P1　　②　W，P2　　③　X，P1　　④　X，P2
⑤　Y，P1　　⑥　Y，P2　　⑦　Z，P1　　⑧　Z，P2

問 3　下線部(c)に関連して，茎頂分裂組織から葉がつくられる仕組みを調べるため，**実験 3** を行った。

実験 3　図 3 のようにカミソリで茎頂に切れ込みを入れることで，I と M との連絡を遮断したところ，I から棒状のかたちをした，表裏がはっきりしない異常な葉が形成された。また，図 4 のように P1，P2 と，I との連絡を遮断したところ，I から扁平な葉が形成され，その表側は M の方を向いていた。さらに，図 5 のように M を二つの小領域(M 1 と M 2)に分割すると，それぞれの小領域が独立した茎頂分裂組織となった。I からは表側が M 2 の方を向いた扁平な葉が形成された。

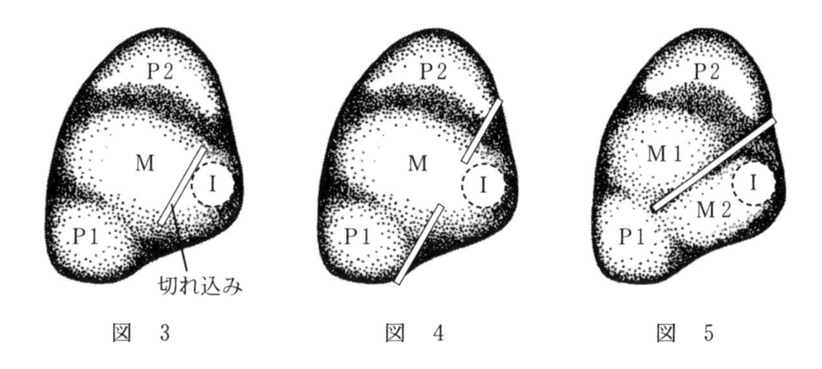

図　3　　　図　4　　　図　5

次の記述ⓐ～ⓒのうち，**実験 3** の結果から導かれる考察を過不足なく含むものを，下の①～⑦のうちから一つ選べ。 18

ⓐ　茎頂分裂組織には，葉を扁平にする作用がある。
ⓑ　生じたばかりの葉には，次に生じる葉を扁平にする作用がある。
ⓒ　茎頂分裂組織には，葉の向きを決める作用がある。

① ⓐ　② ⓑ　③ ⓒ　④ ⓐ，ⓑ
⑤ ⓐ，ⓒ　⑥ ⓑ，ⓒ　⑦ ⓐ，ⓑ，ⓒ

B　授業で光合成について学んだヨウコさんは，植物が葉以外の部分でも光合成をするのかを知りたくなった。根は白いし，そもそも土の中に存在するので光合成をしないはずだと考えて調べてみると，樹木に付着して大気中に根を伸ばすランのなかまや，幹を支える支柱根を地上に伸ばすヒルギのなかまでは，根が緑色になって光合成をしているという記事を見つけた。さらに，その記事に紹介されていたシロイヌナズナを用いた論文では，根に光があたっても必ず緑色になるわけではなく，図6のように植物ホルモンのオーキシンやサイトカイニンの添加，あるいは茎から切断されることによって，根のクロロフィル量が変化することが報告されていた。

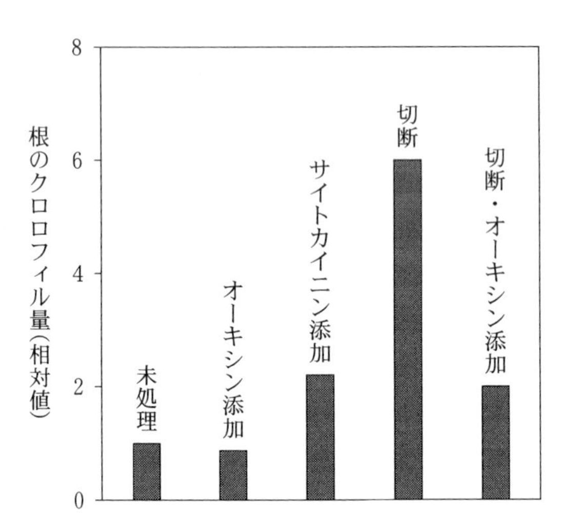

注：発芽後2週目の芽ばえに各処理を行い，光照射下で
　　7日間育成した。

図　6

問 4 ヨウコさんは，図 6 をもとに，どのような場合に根が緑色になるのかを考えてみた。根が緑色になるかどうかを制御する仕組みに関して，図 6 の結果から導かれる考察として最も適当なものを，次の①～⑤のうちから一つ選べ。 19

① オーキシンは，根の緑化を促進する作用をもつ。
② サイトカイニンは，根の緑化を促進する作用をもつ。
③ オーキシンとサイトカイニンは，どちらも根の緑化を阻害する。
④ オーキシンとサイトカイニンは，どちらも根の緑化に関係しない。
⑤ 茎や葉は，根の緑化に関係しない。

問 5 図 6 の結果を見ているときに，ヨウコさんは，植物の一部を切断してオーキシンを添加する実験が，植物の別のオーキシン応答を明らかにした実験と類似していることに気がついた。その応答として最も適当なものを，次の①～⑤のうちから一つ選べ。 20

① 気孔の開閉
② 果実の成熟
③ 春　化
④ 頂芽優勢
⑤ 花芽形成

問 6　ヨウコさんは，緑色になった根が実際に光合成をするかどうか自分で確かめたいと思い，次の実験を計画した。

最初に，息を吹き込んだ試験管に根を入れて，ゴム栓でふたをしてしばらく光をあてる。次に，試験管に石灰水を入れてすぐにふたをしてよく振り，石灰水が濁らなければ，光合成をしていると結論できると考えた。しかし，この計画を友達のミドリさんに話したところ，たとえ石灰水が濁らなくても，それだけでは本当に光合成によるものかどうか分からないと指摘されたので，追加実験を計画した。このとき追加すべき実験として**適当でないもの**を，次の①～⑤のうちから一つ選べ。 21

① 根を入れないで同じ実験をする。
② 光をあてないで同じ実験をする。
③ 石灰水の代わりにオーキシン溶液を入れて同じ実験をする。
④ 石灰水に息を吹き入れて石灰水が濁ることを確認する。
⑤ 根の代わりに光合成をすることが確実な葉を入れて同じ実験をする。

問 7　ヨウコさんは，樹木に取りついたランの根がなぜ緑色なのかにも興味をもち，その仕組みを調べるため，茎と葉を切除して，その後の根にみられる変化を経時的に測定する実験を計画した。このときに測定すべき項目として**適当でないもの**を，次の①～④のうちから一つ選べ。 22

① クロロフィル量
② ひげ根の長さの総和
③ オーキシン濃度
④ サイトカイニン濃度

第6問 次の文章(A・B)を読み，下の問い(問1～5)に答えよ。(配点 19)

A 脊椎動物の眼は，頭部の決まった位置に，左右対称に二つ形成されることが多い。しかし，(a)胚において，将来，眼ができる頭部の領域を移植すると，本来は眼をつくらない場所に眼ができる。他方，光の届かない洞窟に生息している魚類のなかには，一部の発生過程が変異して，(b)眼を形成しなくなった種もある。

問1 下線部(a)について，この現象の仕組みとして最も適当なものを，次の①～⑤のうちから一つ選べ。 23

① 卵の中で局在する母性因子(母性効果遺伝子)の mRNA も移植された。

② 移植した部位で，誘導の連鎖が起こった。

③ 移植した部位で，ホメオティック遺伝子(ホックス遺伝子)の発現に変化が起こった。

④ 移植した部分から眼が再生された。

⑤ 形成体の移植によって二次胚が生じた。

問 2 下線部(b)に関連して，多くの魚類では，眼胞となる能力をもつ細胞からなる領域 M は，図 1 に示す位置に形成される。その後，領域 M の細胞の分化能力を抑制するタンパク質 X が脊索から神経板の正中線付近に分泌されることによって，眼胞が左右の小領域に形成され，眼が二つになる。しかし，眼を形成しなくなった種の一つでは，進化の過程でタンパク質 X の空間的な分布が変化したことが分かった。このことから考えられる，タンパク質 X の分布の変化とそのときにできる眼との関係の考察に関する下の文章中の ア ～ ウ に入る語句の組合せとして最も適当なものを，下の①～⑥のうちから一つ選べ。 24

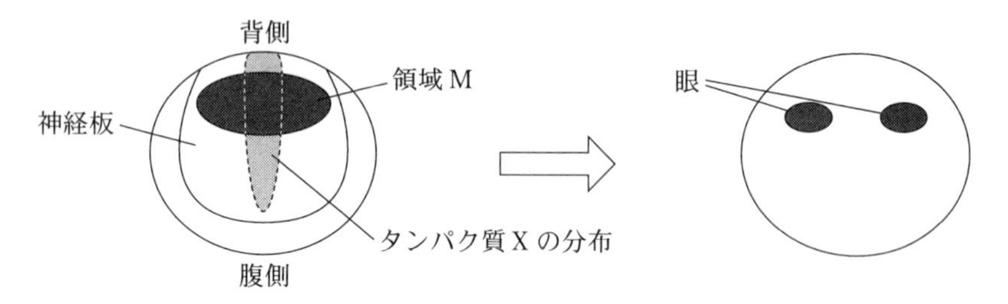

図 1 頭部正面から見た胚

眼を形成しなくなった種では，タンパク質 X が分布する範囲が ア したと考えられる。逆に，タンパク質 X が分布する範囲が イ すると，眼が ウ できると予想される。

	ア	イ	ウ
①	著しく拡大	ほとんど消失	中央に一つ
②	著しく拡大	ほとんど消失	左右に二つ
③	著しく拡大	ほとんど消失	前後に二つ
④	ほとんど消失	著しく拡大	中央に一つ
⑤	ほとんど消失	著しく拡大	左右に二つ
⑥	ほとんど消失	著しく拡大	前後に二つ

B 将来，眼ができる頭部の領域を全て切り取ったカエルの胚を発生させた場合，眼がないオタマジャクシ(以下，ノーアイ)になる。他方，同様にして切り取った領域を同じ胚の尾ができるところに移植して発生させた場合，頭部に眼はできず，本来は眼ができないはずの尾に眼をもつオタマジャクシ(以下，テイルアイ)になる。眼の役割を調べるため，ノーアイとテイルアイを用いて，**実験1～3**を行った。

実験1 正常とノーアイのオタマジャクシを，それぞれ別のペトリ皿に入れ，ペトリ皿の底面から赤色光もしくは青色光を照射した状態で遊泳速度を計測したところ，図2の結果が得られた。

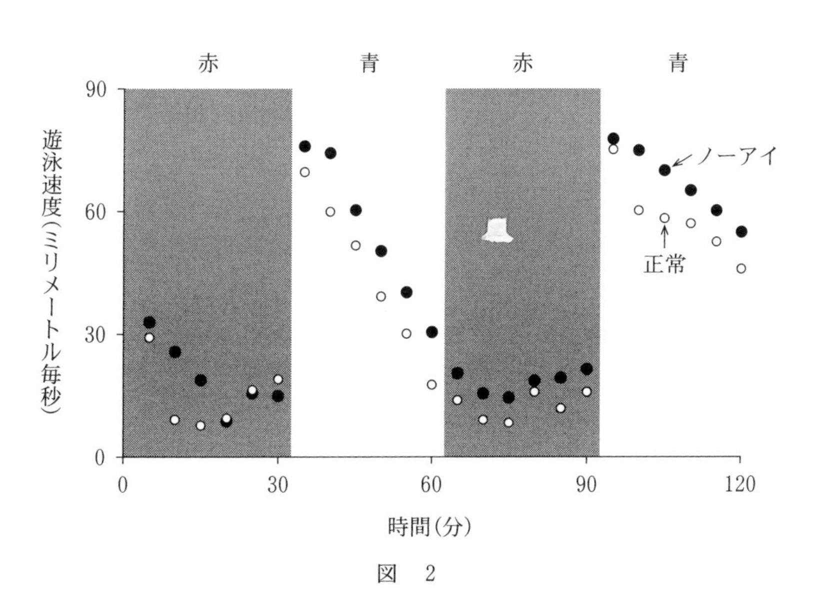

図 2

問 3　**実験** 1 の結果から導かれる考察として最も適当なものを，次の①～④のうちから一つ選べ。 25

① 正常のオタマジャクシは，ノーアイのオタマジャクシに比べて遊泳速度が速い。

② 青色光を照射した状態では，赤色光を照射した状態に比べてオタマジャクシの遊泳速度が遅くなった。

③ 赤色光が照射されている間，オタマジャクシの遊泳速度は速くなり続けた。

④ オタマジャクシが赤色光と青色光の照射状態を識別するためには，眼に光が入力することが必要ではない。

実験 2　図 3 のように底面の半分(図中，灰色の領域)に赤色光を，もう半分(図中，白の領域)に青色光を照射したペトリ皿に，オタマジャクシを入れ，どちらに滞在するか調べた。そして，赤色光を照射した領域に入ったときにオタマジャクシが嫌う電気ショックを与えた(以下，トレーニング)。トレーニングに引き続き，電気ショックを与えない状態で赤色光もしくは青色光を照射し，オタマジャクシがどちらの領域に滞在するか調べた(以下，テスト)。なお，正常のオタマジャクシの一部では，トレーニングのときに電気ショックを与えなかった。トレーニング～テストを 6 回繰り返し，テストのたびにオタマジャクシが赤色光を照射した領域に滞在した時間の割合を調べたところ，図 4 の結果が得られた。

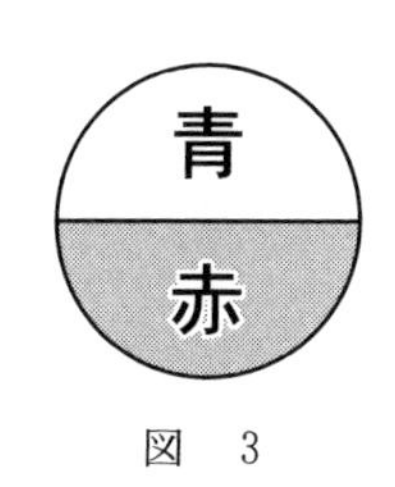

図　3

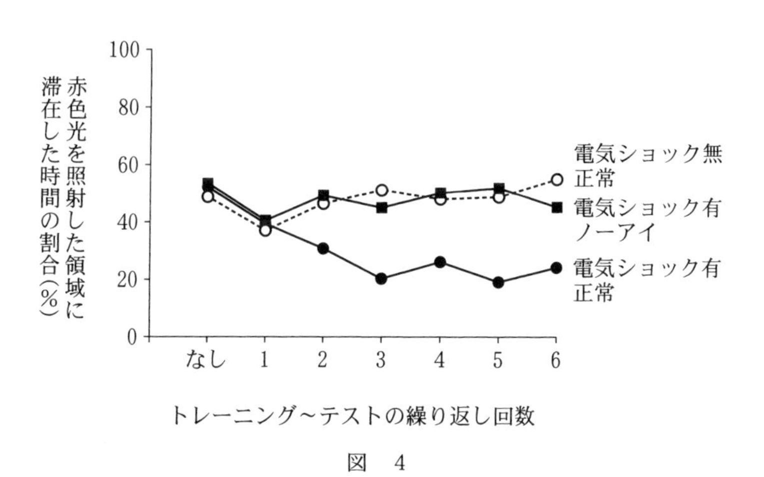

図　4

問 4　実験 2 の結果から導かれる考察に関する次の文章中の エ ・ オ に入る語句の組合せとして最も適当なものを，下の①～⑥のうちから一つ選べ。 26

オタマジャクシが エ 色光を照射した領域を避けることを学習するためには， オ 。

	エ	オ
①	青	眼に青色光が入ることだけで十分である
②	青	眼がなくても，電気ショックが与えられることだけで十分である
③	青	眼に青色光が入ったときに電気ショックが与えられる必要がある
④	赤	眼に赤色光が入ることだけで十分である
⑤	赤	眼がなくても，電気ショックが与えられることだけで十分である
⑥	赤	眼に赤色光が入ったときに電気ショックが与えられる必要がある

実験 3　テイルアイに形成された眼として，眼から軸索が伸長しなかったもの(以下，なし)，眼から胃まで軸索が伸長したもの(以下，胃方向)，眼から脊髄まで軸索が伸長したもの(以下，脊髄方向)という 3 種類が観察された。これら 3 種類のテイルアイを使って**実験 2** と同様の実験を繰り返して，学習が成立したオタマジャクシの割合(学習成功率)を調べたところ，図 5 の結果が得られた。

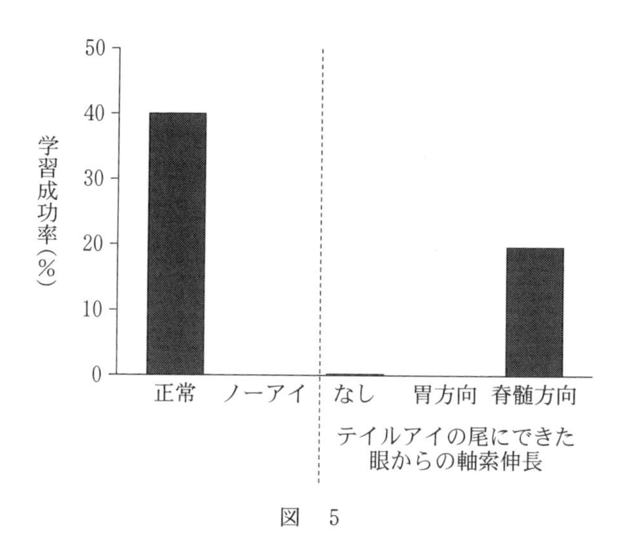

図　5

問 5　尾にできた眼について，**実験 2**・**実験 3** の結果から考えられる合理的な推論として最も適当なものを，次の①～④のうちから一つ選べ。 27

① 尾にできた眼が受けた光の色の情報が，脊髄で反射を生じさせた。

② 尾にできた眼が受けた光の色の情報が，消化管を経由して脳に伝わった。

③ 尾にできた眼が受けた光の色の情報が，脊髄を経由して脳に伝わった。

④ 本来の眼があるオタマジャクシと，尾に眼ができたオタマジャクシで，学習成功率は同じだった。

生 物 本試験（第1日程）

問題番号(配点)	設問	解答番号	正解	配点	チェック
第1問 (14)	問1	1	①	3	
	問2	2	③	4	
	問3	3	⑤	3	
	問4	4	④	4	
第2問 (15)	問1	5	③	3	
	問2	6	③	4	
	問3	7	①	4	
	問4	8	④	4	
第3問 (12)	問1	9	④	4	
	問2	10	⑤	4	
	問3	11	⑥	4	
第4問 (13)	問1	12	⑤	3	
	問2	13	②	3	
		14	⑦	3	
	問3	15	⑧	4	

問題番号(配点)	設問		解答番号	正解	配点	チェック
第5問 (27)	A	問1	16	①	4	
		問2	17	⑥	3	
		問3	18	⑤	5*	
	B	問4	19	②	4	
		問5	20	④	3	
		問6	21	③	4	
		問7	22	②	4	
第6問 (19)	A	問1	23	②	3	
		問2	24	①	4	
	B	問3	25	④	4	
		問4	26	⑥	4	
		問5	27	③	4	

（注） ＊は，①，③のいずれかを解答した場合は2点を与える。

自己採点欄
100点

（平均点：72.64点）

第1問  —— 生命現象と物質，生物の進化と系統

問1 1 正解は①

代謝に関する思考問題である。

ア．問題文中に「濃度にかかわらず取り込む」とあるので，能動輸送とわかる。受動輸送は濃度の高い方から低い方へ物質が輸送される現象である。

イ．発酵による有機物の分解では，必ずしも二酸化炭素が発生するわけではないが，酸素が発生することはあり得ない。

問2 2 正解は③

遺伝子頻度に関する計算問題である。

CHECK 遺伝子頻度

Aの遺伝子頻度を p，aの遺伝子頻度を q とするとき，AA，Aa，aa の頻度は次のようになる。

AA … p^2
Aa … $2pq$
aa … q^2

また，対立遺伝子がA，aの二つだけであれば，$p+q=1$ が成り立つ。

問題文には示されていないが，L有の遺伝子をA，L無の遺伝子をaで表し，また，Aの遺伝子頻度を p，aの遺伝子頻度を q で表すとする。

問題文から，L無（aa）の頻度が0.16であると示されているので

$$q^2=0.16$$

ここから，$q=\sqrt{0.16}=0.4$ が求められる。問題文に，対立遺伝子はAとaしか存在しないことも示されているので，$p+q=1$ から，$p=0.6$ が求まる。ヘテロ接合（Aa）の頻度は $2pq$，つまり③ 0.48となる。

問3 3 正解は⑤

転写調節に関する知識問題である。

①不適。オペロンとは，一つの転写調節で転写される複数の遺伝子のまとまりのことである。原核生物では見られるが，真核生物では見られない。

②不適。転写はmRNAを合成する過程だから，必要な酵素はRNAポリメラーゼであり，DNAポリメラーゼは関係ない。

③不適。真核生物には，選択的スプライシングというしくみがあり，一つの遺伝子から複数の種類のポリペプチドを合成することが可能である。

④不適。転写は核内で起きるが，タンパク質合成（翻訳）は，細胞質中のリボソームで起きる。

⑤適当。個体内のどの細胞でも，基本的には全て同じ遺伝子をもっている。しかし，

個体内には神経細胞や筋細胞など様々な分化をとげた細胞が存在している。これは，細胞ごとに発現している遺伝子が異なるからであり，それぞれの細胞に存在する調節遺伝子の種類も異なるからである。

問4　4　正解は④

進化に関する考察問題である。

実験2から，L無がCを含む配列で，L有がTを含む配列であることがわかる。また，**実験3**からヒトの祖先型はCを含む配列，つまりL無であることがわかる。

①**不適**。**実験1**の結果から，アジアとアフリカのいずれもL無（Cを含む配列）しか見られないことから，アフリカにおいて，L無（Cを含む配列）が不利だったとは考えられない。

②**不適**。**実験2**，および**実験3**からヒトの祖先型はL無（Cを含む配列）であることが示されているので，アフリカでのヒトの出現時にはL無（Cを含む配列）であることがわかる。

③**不適**。L有（Tを含む配列）がヨーロッパで見られることから，L有（Tを含む配列）がヨーロッパで有利だと考えられる。しかし，表1のデータでは，L無（Cを含む配列）の遺伝子頻度がスウェーデンで0.32，イタリアで0.95である。L無（Cを含む配列）の遺伝子頻度を2乗した割合で，L無（Cを含む配列）をホモでもつ，つまりL有（Tを含む配列）をもたない人がいると考えられる。

④**適当**。ヒトの祖先型がL無（Cを含む配列）であることがわかっているのだから，L有（Tを含む配列）が突然変異によって生じたと考えられる。

⑤**不適**。表1から，スウェーデンではL有（Tを含む配列）の遺伝子頻度の方が高いことがわかる。

第2問　標準　―― 生態と環境

問1　5　正解は③

外来生物に関する知識問題である。

生物は一般に繁殖する能力が高いため，環境に適した生物を排除することは極めて困難である。環境に適した外来生物を駆除して生態系を復元する試みはほとんど成功していない。そのために，外来生物の侵入をなるべく防ぐための対策がとられている。

問2　6　正解は③

種間競争に関する考察問題である。

①**不適**。個体群密度が上昇したことが原因で種内競争が促進されることはあるが，

種内競争が促進したことが原因で個体群密度が上昇するわけではない。

②不適。環境収容力とは，限られた餌や生活空間などの生活資源をもつ環境において生物が生育できる最大の数のことである。環境収容力に達すると，個体群密度はそれ以上上昇しない。図1のグラフでは，ブラウンの個体群密度は3年後まで上昇し続けており，環境収容力に達したかどうかはわからない。

③適当。リード文にグリーンとブラウンは種間競争の関係にあることが示されている。種間競争の関係は，餌や生活空間などの生活資源を奪い合う関係であり，ブラウンの個体群密度が上昇すれば，グリーンの個体群密度は生活資源を奪われて低下することになる。

④不適。図1のグラフから，導入区のグリーンとブラウンの1ヘクタールあたりの合計の個体数は，1995年では1500個体程度であるが，1998年では4000個体程度になっており，等しくはなっていない。

問3　7　正解は①

種間競争に関する考察問題である。

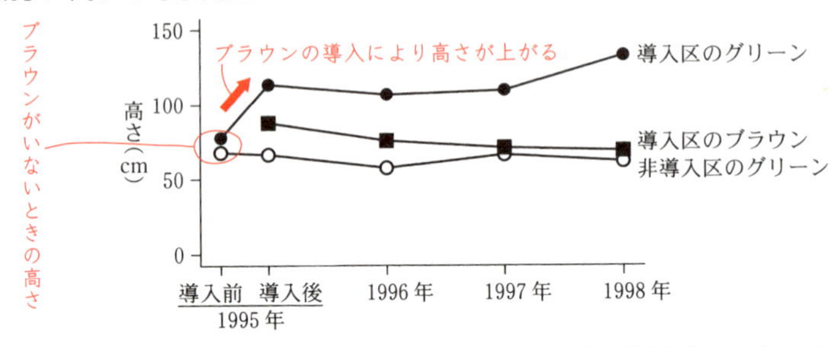

①適当。実験2より導入区のグリーンは幹のより高い所に位置するようになったことがわかる。また，実験3より導入区のアノールトカゲの方が指先裏パッドの表面積が大きくなることがわかる。

②不適。実験2より，導入区のグリーンは幹のより高い位置を利用するようになったが，非導入区のグリーンには，位置の変化はほとんど見られない。また，図4では，指先裏パッドの表面積は非導入区のアノールトカゲを1.0としたときの相対値で示されており，表面積が両方とも増加した場合は，導入区・非導入区ともに相対値が1.0になるはずである。

③不適。実験2・3ともに導入区のグリーンのデータがあるのだから，生存していたはずである。

④不適。実験3のデータはグリーンのものであり，グリーンとブラウンの指先裏パッドの表面積を比較したデータは示されていない。

問4　8　正解は④

種間競争に関する考察問題である。

①不適。実験1より，ブラウンが導入されたことにより，グリーンの個体数が減少していることがわかる。この後グリーンが絶滅するかどうかは示されていないが，絶滅の可能性は高くなっているのだから，影響がないとはいえない。

②不適。実験3から，導入区での指先裏パッドの表面積の増加は，人工環境下で育てた子孫にも受け継がれることが示されている。

③不適。非導入区での指先裏パッドの表面積の変化についてはデータがないので，貼りつく力を高める方向に進化するとは予測できない。逆に実験2で，非導入区のグリーンの留まっていた幹の高さにほとんど変化が見られないことから，指先裏パッドの表面積は変化しないのではないかとも考えられる。

④適当。実験2の傾向が15年後も見られたこと，また，指先裏パッドの表面積の増加が幹の高い位置に留まるために必要であることが，実験3の説明文で示されている。さらに，指先裏パッドの表面積の増加が次世代に伝わる遺伝的な変化であることも示されている。これらのことから，グリーンは生活空間を幹のより高い位置にすることで，ブラウンと生活空間を分割したことがわかる。また，それを可能にするための表現型（遺伝的な特徴）が進化したと考えられる。

第3問　標準　――　生態と環境

問1　9　正解は④

生産構造図に関するグラフ読み取り問題である。

①不適。このグラフからは，どこの層のどの部分がどこの層へ移動したかといった情報は読み取れない。

②不適。このグラフからは，個体数の情報は読み取れない。

③不適。早春も初夏も，優占種Pの20cm以下の葉以外の器官の乾燥重量はおよそ3.5（第2層）+5（第1層）〔g/m^2〕であり，同程度である。

④適当。グラフの形からでもおおよその傾向はわかる。優占種Pの20cm以上の部位は，早春では，葉と葉以外の器官の乾燥重量がほぼ等しいが，初夏では葉の乾燥重量は葉以外の器官の3倍程度になっている。

⑤不適。リード文に図1は林床における生産構造図であることが示されている。第1層と第5層の間は地上50cm以下の高さであり，高木の葉はない。

問2　10　正解は⑤

生産構造図に関するグラフ読み取り問題である。

ア．「葉群」という語は会話の中で初めて出てくるが，ユメさんの第１発言で「優占種Ｐの第２層の葉群の重量は，初夏には，早春と比べて約半分に減ってる」とあるので，「葉」のことだと考えてよい。早春の優占種Ｐの第３層の葉の乾燥重量は $2\,g/m^2$，初夏の優占種Ｐの第３層の葉の乾燥重量は約 $6\,g/m^2$ 程度なので，約 3 倍に増加している。

イ．早春における高さ 30cm の光量は 100％，初夏における高さ 30cm の光量は 10％なので，10 分の 1 に減少している。

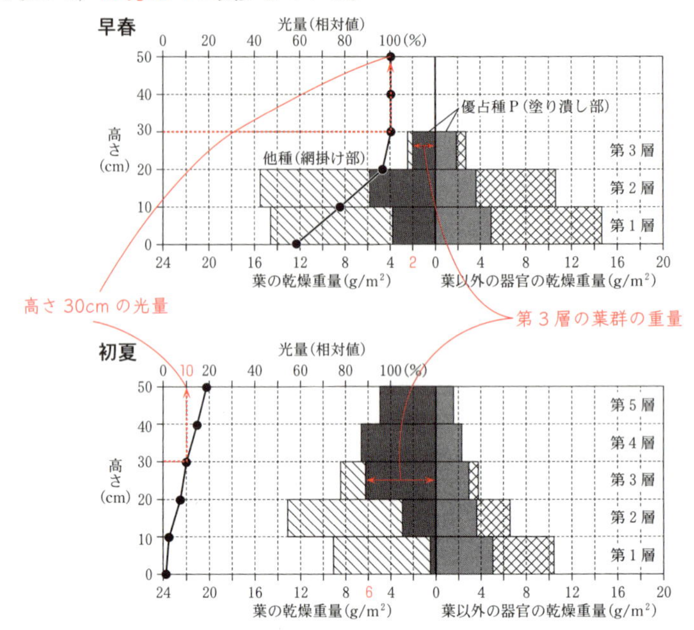

問３　11　正解は⑥

生産構造図に関する表の読み取り・計算問題である。

ウ．問題文の通りに計算をしていく。まず，早春の第３層の葉の合計面積を求める。表から葉 1g あたりの面積が $250\,cm^2$ で，葉の乾燥重量が 2.0g なので，合計面積は

$$250\,[cm^2/g] \times 2.0\,[g] = 500\,[cm^2]$$

次に，１時間に吸収する二酸化炭素量を求める。表には，１時間あたりの CO_2 吸収量（mg/cm^2）が 0.175 と示されているが，単位からこの数字が $1\,cm^2$ あたりであることがわかる。葉の全体の面積は $500\,cm^2$ だから

$$0.175\,[mg/cm^2] \times 500\,[cm^2] = 87.5\,[mg]$$

エ．初夏の葉についても同じ計算を行うと

$360〔cm^2/g〕\times 5.0〔g〕\times 0.070〔mg/cm^2〕= 126〔mg〕$

となり，初夏の方が1時間に吸収する二酸化炭素量が多かったことがわかる。

CHECK　単位と計算

理科では，数字には原則として単位が付いており，その数字がどんな意味をもつのかを表す重要なものである。

例えば，「1gあたり250cm²」は，250cm²/gと表される。この葉が2.0gあったときの面積を求める場合は，単位を付けて計算するとわかりやすい。

$250〔cm^2/g〕\times 2.0〔g〕= 500〔cm^2〕$

このとき，250×2.0＝500という数字の部分だけでなく

$〔cm^2/g〕\times〔g〕=〔cm^2〕$

と，単位の部分も合わせて計算できる。

第4問　標準 ―― 生物の環境応答

問1　12　正解は⑤

学習に関する知識問題である。

学習とは，経験によって行動が変化することである。経験によって行動が変化するかどうかを判断すればよい。

ⓐ学習に関する記述である。孵化直後に見た動くものの後をついて歩くようになるので，何を見たか（経験）によってついていくものが変化する。

ⓑ学習に関する記述ではない。イトヨの雄は，婚姻色を呈した色をつけた模型に対して攻撃をする行動を，生得的（生まれつき）にもっている。文章の末尾が「…するようになる」で終わっているが，「イトヨの雄が繁殖期になると…するようになる」という文章の構成になっているので，経験による行動の変化ではなく，季節による変化を表している。

ⓒ学習に関する記述である。「刺激を受け続ける」という経験によって，引っ込めていたえらを引っ込めなくなる。

問2　13　正解は②　14　正解は⑦

学習に関する考察問題である。

A種

実験1で，X期に父鳥の歌を聴かせなくても，また，Y期に聴覚がなくても，自種の歌をさえずることができたので，ⓓとなる。

経験による行動の変化が見られないので，学習は関与していない（Ⅱ）。

B種

実験1～3で，X期に父鳥の歌を聴かせることと，Y期に聴覚があることのいずれか一方が欠ければ不完全な歌になってしまうので，自種の歌をさえずるためには，

両方が必要であることがわかり，ⓖとなる。

X期に歌を聴く，Y期に自らの歌を聴くという経験が必要なので，学習が関与している（Ｉ）。

問３　15　正解は⑧

学習に関する思考問題である。

ア．直前の文章に，種に固有の歌がなわばり防衛や求愛に必要であるという趣旨の記述がある。混ざった歌をさえずる（つまり，種に固有の歌をさえずることができない）雄は，繁殖に失敗しやすいと考えられる。

イ．「近縁種の歌を学習するような状況」とは，混ざった歌をさえずる雄が増える状況という意味であり，繁殖に失敗しやすい状況であるから，個体群の成長は妨げられると考えられる。

ウ．「競争的排除をもたらすことがある」という記述がある。競争的排除とは，種間競争の結果，ある種が排除される現象のことなので，共存はしにくくなると考えられる。

第５問 ―― 生殖と発生，生物の環境応答

A　やや易　《植物の生殖と発生》

問１　16　正解は①

被子植物の生殖に関する知識問題である。

胚乳核（胚乳細胞の核）は，中央細胞の２つの極核と精細胞の核の合計３つの核が合体してできるのに対して，受精卵の核は，卵細胞の核と精細胞の核の合計２つの核が合体してできるから，ゲノムDNA（核のDNA）の量は胚乳核の方が多い。よって，①が誤り。

問２　17　正解は⑥

植物の発生に関する考察問題である。

- 茎頂分裂組織

図２に茎頂を真上から観察した図が示されており，その表面の中央（M）に茎頂分裂組織が示されているので，図１においてはYが茎頂分裂組織だとわかる。また，リード文に，「茎頂分裂組織からつくられたばかりの葉は…成長が進むにつれて扁平になる」とある。図１の構造の中でXとWは扁平な形なので葉だとわかる。

- 先に形成が始まった葉

先に形成が始まった葉ほど大きく成長しているはずである。P１よりもP２の方

が大きいので，先に形成された葉はＰ２である。

問３　18　正解は⑤　（①，③のいずれかで部分正解）

植物の発生に関する考察問題である。

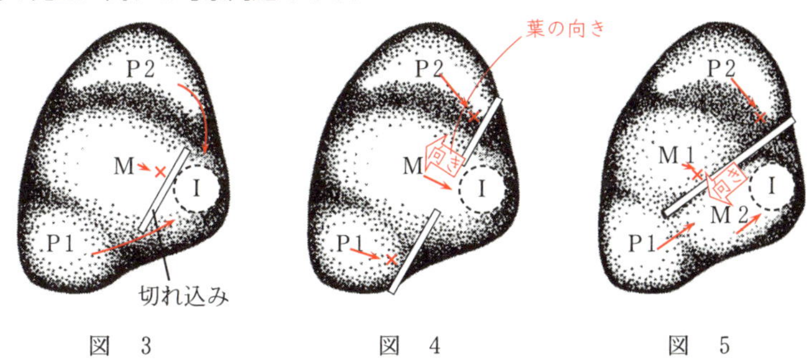

図　３　　　　図　４　　　　図　５

図３と図４を比較すると，Ｉは図４では扁平な葉になるが，図３では扁平にならない。つまり，葉を扁平に誘導するのはＭ（茎頂分裂組織）であって，Ｐ１・Ｐ２（生じたばかりの葉）ではない。ここから，ⓐは適当で，ⓑは不適と判断できる。

図４と図５を比較すると，いずれも葉の向きはＭ（茎頂分裂組織）の方を向いており，ⓒが適当であることがわかる。

B　やや易　《植物の環境応答》

問４　19　正解は②

植物の環境応答に関する考察問題である。

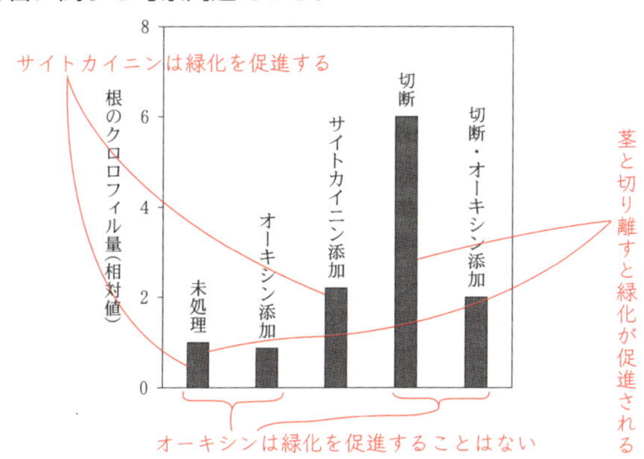

①不適。オーキシンを添加した場合，未処理の場合と比べて根のクロロフィル量にほとんど変化がなく，少なくとも緑化を促進はしていない。また，切断してから添加した場合は緑化を抑制している。

②適当・③④不適。サイトカイニンを添加した場合は，緑化が促進されている。
⑤不適。根と茎を切断した場合，緑化が促進されていることから，茎あるいは茎につながる葉などが，根の緑化を抑制していることが推測される。

問5 20 正解は④

植物ホルモンに関する知識問題である。

下図(a)～(c)のような，**④頂芽優勢**の実験が条件に当てはまる。頂芽を切断すると側芽の成長が促進され，切り口にオーキシンを添加すると側芽の成長が起こらない。
①気孔の開閉に関係するのはアブシシン酸である。
②果実の成熟に関係するのはエチレンである。
③春化に関係するのはジベレリンである。
⑤花芽形成に関係するのはフロリゲンである。

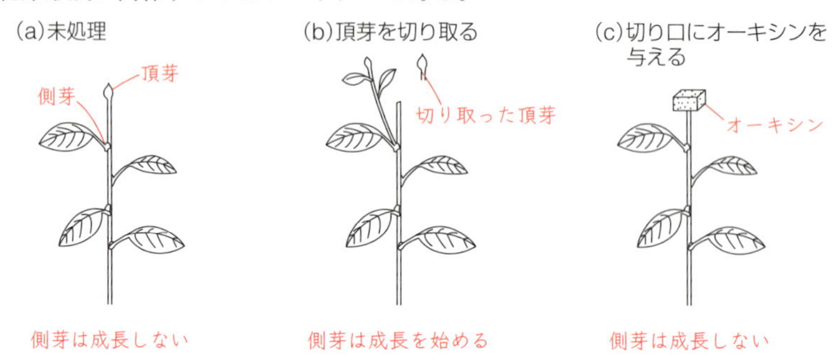

問6 21 正解は③

光合成に関する探究問題である。

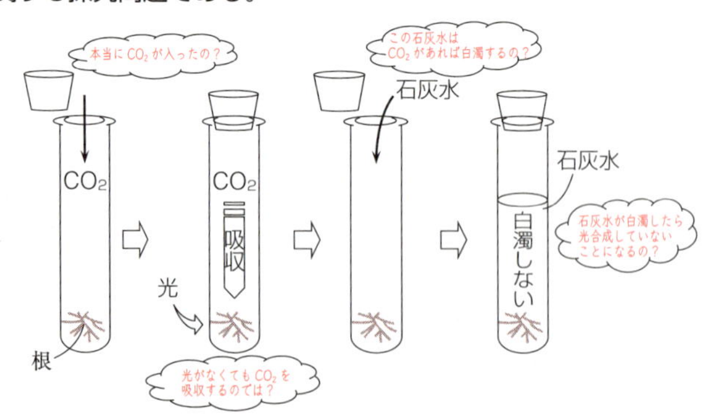

生物実験のように，実験条件が複雑に変化する場合は，実験条件を１つだけ変えて，実験結果を比較しなければならない。もし，実験結果に差が出れば，１つだけ変えた条件が，その変化の原因だと結論づけることができる。

①**適当**。根のあり・なしという条件だけを変えて実験を行い，根がある場合には白濁せず，ない場合には白濁するという差が出れば，根が二酸化炭素を吸収したと結論づけることができる。

②**適当**。光照射のあり・なしという条件だけを変えて実験を行い，光がある場合は白濁せず，ない場合は白濁するという差が出れば，光による反応（この場合は光合成と考えてもよい）により二酸化炭素が吸収されたと結論づけることができる。

③**不適**。オーキシン溶液は二酸化炭素の有無によって何の変化も示さないので，石灰水の代わりにオーキシン溶液を入れても，光合成による二酸化炭素の吸収の有無を調べることはできない。

④**適当**。石灰水が二酸化炭素によって本当に白濁するかを確認することができる。

⑤**適当**。光合成をすることが確実な葉を入れて同じ実験を行っても，石灰水が白濁した場合は，想定通りに実験が進んでいないことを確かめられる。また，根を入れて実験を行った際に石灰水が白濁し，光合成をすることが確実な葉を入れた際に白濁しなかった場合は，根では光合成が行われていないか，あるいは光合成量が少ないことが確かめられる。

問７　22　正解は②

植物の環境応答に関する探究問題である。

①**適当**。根が緑色になるしくみを調べるために，茎と葉を切除したのだから，切除した後，根が緑色に変化するかどうかを調べることが必要である。根に含まれるクロロフィル量を測定すれば，緑色の変化に関する情報が得られる。

②**不適**。根が緑色になる原因を調べているのだから，ひげ根の長さを調べても，何の情報も得られない。

③・④**適当**。ヨウコさんが調べた図６から得られる情報として，根のクロロフィル量にオーキシンとサイトカイニンが関与していることがわかる（問４）。茎と葉を切除したことによってこれらの植物ホルモンの量が増減すれば，根が緑色になるしくみに関する情報が得られる。

第６問 ―― 生殖と発生，生物の環境応答

A　易　《動物の発生のしくみ》

問１　23　正解は②

発生のしくみに関する知識問題である。

①**不適**。母性因子は，発生のごく初期に働き，体軸など胚全体の基本構造を決定するものなので，眼の形成時にはすでに働いていない。

②適当。器官の形成は，誘導の連鎖によって決定される。
③不適。ホメオティック遺伝子は，眼の形成よりもっと早い段階で働き，前後軸に沿った形態形式に関与する遺伝子なので，眼の形成時にはすでに発現が完了している。
④不適。再生とは，失われた部位を再び形成しなおすことなので，一度目の形成は再生ではない。
⑤不適。二次胚とは，本来の体の他に，不完全ながらも形成された二つ目の体のことである。

問2　24　正解は①

発生のしくみに関する考察問題である。

問題文から，領域Mの細胞から眼が形成されることがわかる。また，タンパク質Xが働くと，その部分の領域Mの細胞の分化能力が消失することがわかる。
ア．タンパク質Xが著しく拡大すれば，タンパク質Xの働きによって領域Mのほぼ全ての細胞は分化能力を消失するので，眼は形成されなくなる。
イ・ウ．タンパク質Xが分布する範囲がほとんど消失すれば，領域Mの細胞は全ての分化能力を維持するので，眼が中央に一つ形成されると考えられる。

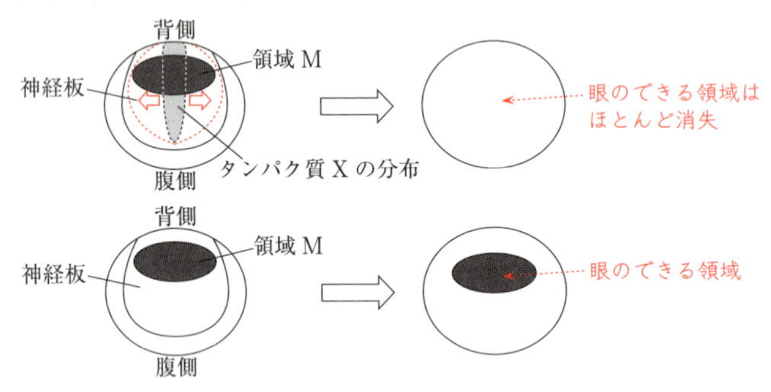

B　やや易　《動物の行動》

問3　25　正解は④

動物の行動に関するグラフ読み取り問題である。

①不適。図2において，ノーアイ（●）の方が，正常（○）よりもグラフ中でおおむね上に位置する（遊泳速度が速い）。
②不適。図2において，正常もノーアイも，青色光が照射されている間は，赤色光が照射されている間よりも，おおむね上に位置する。
③不適。図2において，およそ0～30分の間は，赤色光が照射されているが，遊

泳速度は下がっている。

④適当。図2において，ノーアイは，眼がないにもかかわらず，正常と同じく，照射されている光の色によって遊泳速度を変化させている。このことから，赤色光と青色光の照射状態を識別するためには眼が必要ではないことがわかる。

問4　26　正解は⑥

動物の行動に関する考察問題である。

「電気ショック有・正常」はトレーニング回数が増えると赤色光を照射した領域に滞在する時間が短くなっているが，「電気ショック有・ノーアイ」は変化がない。

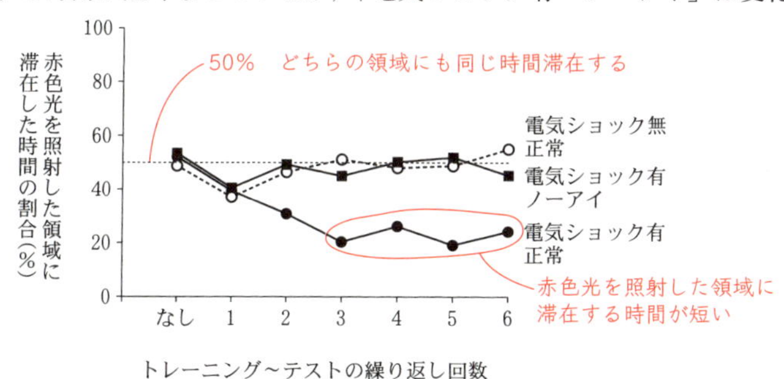

エ．グラフから，オタマジャクシが避けたのは赤色光であることがわかる。

オ．「電気ショック有・ノーアイ」と「電気ショック無・正常」が赤色光を避けていない（どちらの領域にも同じ時間滞在する）ことから，赤色光を避けるように学習するためには，**「眼に赤色光が入ること」と「電気ショックが与えられること」の両方が必要**だとわかる。

問5　27　正解は③

動物の行動に関する考察問題である。

グラフから，テイルアイの中で学習が成立したのは，「脊髄方向」のものだけだということがわかる。

①不適。学習が成立したかどうかが問われている。反射は生得的な行動（反応）であり，学習ではない。

②不適。「胃方向」のものでは学習が成立していないので，光の色の情報が消化管を経由して脳に伝わったとは考えられない。

③適当。「脊髄方向」のものでは学習が成立したことから，尾にできた眼が受けた光の色の情報が脊髄を経由して脳に伝わったと考えられる。

④不適。本来の眼があるオタマジャクシ（正常）の学習成功率は40％，テイルアイのうち学習が成功した「脊髄方向」の学習成功率は20％であった。「なし」と「胃方向」の学習成功率はほぼ0％であったので，学習成功率は同じではない。